从小事中
获得大回报

海龙 编著

北京工业大学出版社

图书在版编目（CIP）数据

从小事中获得大回报 / 海龙编著 . —北京 : 北京工业大学出版社，2012.11

ISBN 978-7-5639-3241-2

Ⅰ.①从… Ⅱ.①海… Ⅲ.①成功心理—通俗读物 Ⅳ.① B848.4-49

中国版本图书馆 CIP 数据核字（2012）第 209209 号

从小事中获得大回报

编　　著：海　龙
责任编辑：李　华
封面设计：尚世视觉
出版发行：北京工业大学出版社
　　　　　（北京市朝阳区平乐园 100 号　100124）
　　　　　010-67391722（传真）bgdcbs@sina.com
出 版 人：郝　勇
经销单位：全国各地新华书店
承印单位：唐山才智印刷有限公司
开　　本：787 mm×1092 mm　1/16
印　　张：17
字　　数：194 千字
版　　次：2012 年 11 月第 1 版
印　　次：2021 年 1 月第 2 次印刷
标准书号：ISBN 978-7-5639-3241-2
定　　价：32.00 元

版权所有　翻印必究

（如发现印装质量问题，请寄本社发行部调换 010-67391106）

前　　言

　　一场球赛的结果，也许就取决于一个球员的某一个细微的动作；一件事情的成败，也许就取决于当事者思想的一个小变化；一个人能否获得成功，也许就取决于是否把握了某一个小机会……

　　阿基米德说："给我一个支点，我可以撬起整个地球。"一个人的力量可谓小矣，地球可谓大矣，但在一定的条件下，小可以转化为大，大也可以转化为小。因此我们想成就一番事业，必须从简单的事情做起，从细微之处入手。一心渴望伟大、追求伟大，伟大却了无踪影；甘于平淡，认真做好每个细节，伟大就可能不期而至。

　　本书通过大量的故事和简洁的语言，生动阐述了现代人如何通过做好小事获得大回报的道理。愿您在阅读、借鉴与感悟后能慎对小事，因为它们像花朵的花瓣一样精致，像阳光的光线一样明亮，像项链的珍珠一样晶莹，像歌声的音符一样饱满。愿您通过一点点的努力，一点点的进步，一点点的收获，日积月累，直致铸大德，变大智，成大器。

目 录

第一章 成功从做好小事开始 …………………… 1

不要看不起自己的工作 …………………………… 1
每一件事都值得去做 ……………………………… 3
做不好小事的人也做不成大事 …………………… 4
机会隐藏在细节之中 ……………………………… 7
忽略细节会让你与好工作失之交臂 …………… 10
关注小节，职场人际关系会更融洽 …………… 12
简单不代表容易，轻松不可以轻视 …………… 16
做小事情一定要严谨 …………………………… 18
一丝不苟才能万无一失 ………………………… 21
举轻若重，杀鸡须用牛刀 ……………………… 22
重视细小的规章制度 …………………………… 26
打杂就是扎马步 ………………………………… 27
要坐"高位子"，先坐"冷板凳" …………… 30

第二章 小礼仪实为大资本 …………………… 33

礼多人不怪，谦恭好处多 ……………………… 33
得体的言谈举止不可缺 ………………………… 35
站有站相，坐有坐相 …………………………… 38
微笑是送给他人最好的见面礼 ………………… 42
礼貌的求教，没有人会拒绝 …………………… 44
别轻视"谢谢"的作用 ………………………… 47
说上一句得体的"再见" ……………………… 48
交际礼仪记心上 ………………………………… 49

第三章 小形象塑造大魅力 ……………………………… 61

改变形象从头发开始 ……………………………………… 61
穿着打扮不可轻视 ………………………………………… 64
改掉说话时的一些小毛病 ………………………………… 78
避免错误的肢体语言 ……………………………………… 81
从小细节入手，拉近彼此之间的距离 …………………… 82
长得美不如气质美 ………………………………………… 84
腹有诗书气自华 …………………………………………… 91

第四章 小选择蕴藏大出路 ……………………………… 94

什么样的选择决定什么样的生活 ………………………… 94
正确选择比什么都重要 …………………………………… 95
最好的选择就是适合自己的选择 ………………………… 97
选择韬光养晦，才能一鸣惊人 …………………………… 101
选择勇气，成功才有可能与你相遇 ……………………… 104
选择匍匐是为了长久站立 ………………………………… 109
选择脚踏实地才能持续进步 ……………………………… 113
选择积极的人生态度 ……………………………………… 116
识时务者为俊杰 …………………………………………… 118
切勿好高骛远，选择珍惜今天 …………………………… 120

第五章 小改变造就大影响 ……………………………… 126

莫为小事影响情绪 ………………………………………… 126
战胜内疚、忧伤、失败带来的疲惫 ……………………… 128
克服无望的心态 …………………………………………… 132
走出自设的阴影 …………………………………………… 133
不要一条道走到黑 ………………………………………… 135
换种思路，打开办事新局面 ……………………………… 139
关键抉择中，要随机应变 ………………………………… 143
抛弃旧我，迎接新我 ……………………………………… 146
放下身份，路会越走越宽 ………………………………… 148

改变，由现在开始 …………………………………… 150

第六章 小付出带来大收获 …………………………… 153

付出诚实，赢得尊重 …………………………………… 153
机会常来自额外的工作 ………………………………… 155
每天多做一点点 ………………………………………… 158
多干一点就多接近成功一点 …………………………… 160
付出一点爱，就可能收获整片天空 …………………… 162
有付出才会有收获 ……………………………………… 165
勤奋者的眼里遍地是黄金 ……………………………… 168
唯有努力才能拯救自己 ………………………………… 169
从现在开始一点也不晚 ………………………………… 173

第七章 "小舍"能够换来"大得" …………………… 177

舍弃是人生的必修课 …………………………………… 177
生活要懂得取舍 ………………………………………… 179
拿起该拿的，放下该放的 ……………………………… 182
珍惜值得珍惜的，舍弃应该舍弃的 …………………… 183
什么都想要，什么都得不到 …………………………… 186
患得患失，得不偿失 …………………………………… 187
吃亏是一种隐性投资 …………………………………… 191
少拿一分，能赢一生 …………………………………… 194

第八章 小习惯累积大成就 …………………………… 197

成功常常是惯性使然 …………………………………… 197
从日常习惯能看出未来命运 …………………………… 198
好习惯带来高效率 ……………………………………… 201
小习惯反映素质的高低 ………………………………… 203
谦虚是一种好习惯 ……………………………………… 204
自制的习惯是成功的关键 ……………………………… 206
摒弃令人讨厌的小恶习 ………………………………… 208

改变陋习的11个妙招 ·············· 210
树立坚定的信念 ················ 212
做你所爱的，爱你所做的 ············ 214
注重细节赢得上司的喜爱 ············ 216
主动迎接挑战 ················· 218

第九章 小生意收获大财富 ············ 222

大富来自于坚守小利 ·············· 222
小生意是穷人致富的阶梯 ············ 224
生意不怕小，就怕不赚钱 ············ 225
商机常常就在细节之中 ············· 229
从小处赚起才能积累第一桶金 ·········· 232
用小鱼钓大鱼 ················· 234
"四两拨千斤"的小本经营术 ·········· 236
小投大赚，薄利多销 ·············· 238
填补间隙，脱贫致富 ·············· 240
以小损而换大益 ················ 242
做生意最怕大意 ················ 245

第十章 小人脉有大助益 ············ 248

一分宽容胜过十分责备 ············· 248
与其刨根问底，不如顺其自然 ·········· 250
让人三尺又何妨 ················ 252
真正关心和喜欢别人的人会无往不利 ······ 253
创造机会与人相识 ··············· 255
不要轻易得罪他人 ··············· 257
对他要多一分理解 ··············· 259
人脉助你成功 ················· 262

第一章 成功从做好小事开始

不要看不起自己的工作

无论你贵为君主还是身为平民，无论你是男还是女，都不要看不起自己的工作。如果你认为自己的劳动是卑贱的，那么你就犯了一个巨大的错误。

现今社会，同样有许多人轻视自己所从事的工作，无法投入全部身心。他们在工作中敷衍塞责、得过且过，而将大部分心思用在如何摆脱当下的工作环境上。这样的人在任何地方都不会有所成就。

所有正当合法的工作都是值得尊敬的。只要你诚实地劳动和创造，没有人能够贬低你的价值，关键在于你如何看待自己的工作。那些只知道要求高薪，却不知道承担责任的人，无论对自己，还是对老板，都是没有价值的。

也许某些行业中的某些工作看起来并不高雅，工作环境也很差，但是，请不要忽视这样一个事实：有用才是伟大的真正尺度。在许多年轻人看来，做公务员、银行职员或者大公司白领才称得上好工作，其中一些人甚至愿意花费大量的时间去谋求一个公务员的职位。但是，同样的时间他完全可以通过自身的努力，在当下的工作中找到自己的位置，发现自己的价值。

工作本身没有贵贱之分，但是对工作的态度却有高低之别。看

一个人是否能做好事情,只要看他对待工作的态度就可以了。而一个人的工作态度,又与他的性情、才能有着密切的关系。所以,了解一个人的工作态度,在某种程度上就是了解了这个人。

当今社会,有许多人不尊重自己的工作,不把工作看成创造一番事业的必由之路,而视为衣食住行的供给者,认为工作是生活的代价,是无可奈何、不可避免的劳碌,这是一种错误的观念!

那些看不起自己工作的人,往往是一些被动适应生活的人,他们不愿意奋力崛起、努力改善自己的生存环境。对于他们来说,他们认为公务员更体面,更有权威性;他们不喜欢商业和服务业,不喜欢体力劳动,认为自己应该活得更加轻松,应该有一个更好的职位。他们总是固执地认为自己在某些方面更有优势,会有更好的前途,但事实上并非如此。

与轻松体面的公务员工作相比,商业和服务业需要付出更艰辛的劳动,当人们害怕接受挑战时,就会找出许多借口,久而久之就变得看不起自己的工作了,这些人在学生时代可能就非常懒散。美国企业家莱伯特对这种人曾提出过警告:"如果人们只追求高薪与政府职位,是非常危险的。它说明这个民族的独立精神已经枯竭;或者说得更严重些,一个国家的国民如果只是苦心孤诣地追求这些职位,会使整个民族像奴隶一般地生活。"

天生我材必有用,懒懒散散只会给自己带来巨大的不幸。有些人用自己的天赋来创造美好的事物,为社会作出了贡献;有些人好高骛远,虚度了大好年华,到了晚年后悔莫及,本来可以创造辉煌的人生,结果却与成功失之交臂,不能不说是一个巨大的遗憾。

每一件事都值得去做

每一件事都值得去做,而且应该用心去做。

卢浮宫收藏着莫奈的一幅画,描绘的是女修道院厨房里的情景。画面上正在工作的不是普通的人,而是天使。一个正在架水壶烧水,一个正优雅地提起水桶,另外一个穿着厨衣,伸手去拿盘子——即使日常生活中最平凡的事,也值得天使们全神贯注地去做。

工作是否单调乏味,往往取决于你做它时的心境。人生目标贯穿于整个生命,你在工作中所持的态度,决定了你所取得的成就。

每一件事情对人生都具有十分深刻的意义。你是砖石工或泥瓦匠吗,可曾在砖块和砂浆之中看出诗意?你是图书管理员吗,经过辛勤劳动,在整理书籍中是否感觉到自己已经取得了一些进步?你是学校的老师吗,是否一见到自己的学生,所有的烦恼都抛到了九霄云外?

如果只按他人的眼光来看待自己的工作,或者仅用世俗的标准来衡量自己的工作,工作毫无生气、单调乏味,仿佛没有任何意义,没有任何吸引力和价值可言。这就好比我们从外面观察一个窗户,窗户布满了灰尘,非常灰暗,只剩下单调和破败。但是,一旦跨过门槛,走进房内,立刻可以看见绚烂的色彩、清晰的线条。阳光穿过窗户,奔腾跳跃,形成一幅美丽的图画。

由此,我们可以得到这样的启示:人们看待问题的方法是有局限的,我们必须从内部去观察才能看到事物真正的本质。有些工作只从表象看也许索然无味,只有深入其中,才可能认识到其意义。因此,无论幸运与否,每个人都必须从工作本身去理解工作,将它看作是人生的权利和荣耀——只有这样,才能保持个性的独立。

做不好小事的人也做不成大事

　　成功者与失败者最大的区别是，成功者决不蔑视生活中平凡普通的小事，再普通的小事他们也都满腔热情地去干。而失败者却总对小事不屑一顾，结果他们成大事的愿望也只能是空想。

　　所谓大事小事，只是相对而言。很多时候，小事不一定就真的小，大事也不一定就真的大，关键在于做事者的认知能力。那些一心想做大事的人，常常对小事嗤之以鼻，不屑一顾。其实连小事都做不好的人，大事也是很难成功的。有位智者曾说过这样一段话："不会做小事的人，很难相信他会做成什么大事。做大事的成就感和自信心是由小事的成就感积累起来的。可惜的是，我们平时往往忽视了它，让那些平凡的小事擦肩而过。"

　　正所谓于细微处见精神，有做小事的精神，就有做大事的气魄。

　　人生价值真正的伟大在于平凡，真正的崇高在于普通。最平凡、最普通却又最伟大、最崇高。从普通中显示特殊，从平凡中显示伟大，这才是做人做事之道。

　　因此，做事不可以被大小限制。我们需要具有超越自我的观念，跳出大大小小的圈子，成就最普通而又最特殊、最平凡而又最高尚、最渺小而又最伟大的事业。

　　不因小而失大，不因少而失多，抛弃大小的竞争，抛弃高下的念头，抛弃富贵的欲望，一心一意从小事做起。一个小小的细节，一件再小不过的事情，往往蕴涵着机遇。而那些真正伟大的人物非常清楚这个道理，他们从来都不蔑视日常生活中的各种小事情。即使常人认为很微小的事情，他们也都满腔热情地去干。

第一章 成功从做好小事开始

不要小看小事，不要讨厌做小事，只要有益于工作、有益于事业，人人都应从小事做起，用小事堆砌起来的事业大厦才是坚固的，用小事堆砌起来的工作长城才是牢靠的。

那种大事干不了、小事又不愿干的心理是要不得的。小到个人，大到一个公司、企业，他们的成功发展，正是来源于平凡工作的积累。公司需要的是能够在平凡中成长的人，所以能够认真对待每一件事、能够把平凡工作做得很好的人，才是公司能够依靠的人。因此不要看轻任何一项工作，当你认真对待每一件事，你会发现自己的人生之路越走越宽，成功的机遇也会接踵而来。

有这样一位年轻人，他总是被公司当作替补队员，哪儿缺人手就被调到哪儿，他认为自己的能力无法正常发挥。他沮丧地向他的同学——现在已是一家公司的人力资源部经理诉苦："这样值得继续干下去吗？我觉得自己的专长无法发挥出来。"昔日同学很认真地告诉他："你经常被调到不同岗位磨炼是辛苦，但只要你努力肯学，很快就能胜任，否则你的公司也不会做这样的调度。现在，你在工作中的表现第一是努力，第二是努力，第三还是努力，那么过不了多久，公司员工之中磨炼最多的是你，能为公司贡献才智的也是你，你应该有这种认识。"最后，同学又口授他一条成功秘诀："肯干就是成功，患得患失、拈轻怕重就会失去成长的机会。受苦是成功与快乐的必经历程。"年轻人听了后，在以后的工作中干得很起劲，一年后，成为公司最耀眼的新星。

一屋不扫，何以扫天下。一个普通的职员，即使有很好的条件，

想被重用，也要受一段时间的煎熬，最重要的是要努力做出成绩，在别人眼里，你才能不被人忽视。

艾伦是哈佛大学机械制造专业的高才生，他毕业后的梦想就是进入20世纪80年代美国最为著名的机械制造公司。然而他和许多人的命运一样，在该公司每年一次的用人测试会上申请被拒绝。艾伦并没有死心，他先找到公司人事部，提出为该公司无偿提供劳动力，请求公司分派给他任何工作，他可以不计任何报酬。公司起初觉得这简直不可思议，但考虑到不用任何花费，也用不着操心，于是便分派他去打扫车间里的废铁屑。

一年来，艾伦勤勤恳恳地重复着这种简单但是劳累的工作。为了糊口，下班后他还要去酒吧打工。虽然得到老板及工人们的好感，但是仍然没有一个人提到录用他的问题。

20世纪90年代初，公司的许多订单被退回，理由均是产品质量问题，为此公司蒙受了巨大的损失。公司董事会为了挽救颓势，紧急召开会议商议对策，当会议进行一大半却未见眉目时，艾伦闯入会议室，提出要直接见总经理。

在会上，艾伦对这一问题出现的原因作了令人信服的解释，并且就工程技术上的问题提出了自己的看法，随后拿出了自己对产品的改造设计图。这个设计非常先进，恰到好处地保留了原来机械的优点，同时克服了已出现的弊病。

总经理及董事会的董事见到这个编外清洁工如此精通内行，便询问他的背景以及对未来的构想。于是，艾伦被聘为公司负责生产技术问题的副总经理。

原来，艾伦在做清扫工时，利用清扫工到处走的特点，细心察看了整个公司各部门的生产情况，并一一作了详细记录，发现了所存在的技术性问题并想出解决办法。他花了近一年的时间搞设计，获得了大量的统计数据，为最后一鸣惊人奠定了基础。

只有心存远大志向，才可能成为杰出人物。但要成功，心高气盛远远不够，还需要从小事做起。人人都应该努力做好每件普通的小事，用小事堆积起来的事业的大厦才是坚固的。只有用小事累积出坚实的成绩，你才能成就非常之势，成为举足轻重、受人重视的人。

机会隐藏在细节之中

细节，在很多人眼里似乎无足轻重，岂不知，这种看法大错特错。其实细节里面大有乾坤。很多难得的机会就隐藏在这不起眼的细节之中。正如托尔斯泰所说：一个人的价值不是以数量而是以他的深度来衡量的。成功者的共同特点，就在于细微之处见乾坤。

20世纪30年代初，在美国马洛利公司任职的卡尔森是加利福尼亚大学物理系的毕业生。他见到公司的同事在复印文件的过程中，占用时间过多，劳动强度很大，本该轻松完成的工作，却成了令人头痛的麻烦事，便想改进一下复印方法。他做了很多的实验，但却没有成功。后来，他暂时停止了实验，而用业余时间钻进纽约的图书馆，专门查阅有关复印方面的发明专利文献资料。

经过一段时间的仔细查找，他意外地发现，以往进行的复印都是利用化学效应来完成的，还没有人涉足光电领域。

从理论上讲,利用光电效应比利用化学效应效率要高得多。显然,这是复印研究开发中的一大缺陷。他开始进行大量的实验,将光的导电性和静电原理相结合,终于取得了成功。

有时,细节真的非常重要,它足有扭转乾坤之势。

生产内衣的夏路列公司在20世纪80年代初创时,只是日本一家不起眼的小公司,连经理在内仅有3个人。当时,日本各百货商店和服装铺都设有试衣室,但试穿内衣先要脱掉外衣。如果试一件不合身,接着再试是一件很麻烦的事情,而且多少有些尴尬。夏路列公司经理关注到了这一细节,他想如果顾客能在自己家里邀集三五位邻居或女友一起挑选公司送来的内衣,有中意的式样当场试穿,这种气氛亲切的场合一定会吸引不少妇女购买内衣。

于是,夏路列公司决定改变过去旧的销售模式,转而采用这种新的销售方式,并作出新规定:凡是在家庭联欢会上一次购买1万日元以上的顾客,就能获得该公司"会员"资格,今后购买内衣可享受七五折的优惠;会员如在3个月内发起家庭联欢会20次以上,销售金额超过40万日元,就能成为本公司的特约店,可享受六折优惠;如果在6个月内举办家庭联欢会40次以上,销售金额超过300万日元,就能成为本公司的代理店,享受零售价一半的批购优惠。

夏路列公司的新销售方式果见奇效,使公司得以迅速发展。10年后,公司拥有会员135万名,而且还以每年2万名会员的速度增加,年销售额达200亿日元以上,成为日本内衣业的后起之秀,被舆论界称为"席卷内衣业的一股旋风"。

从这个例子我们可以看出,试穿内衣虽然只是一件不起眼的小事,但夏路列的老板却从细节中发现机会,并以此为契机进行创新,采取新的销售方式,结果大获成功。

留心工作中的每一个细节,把握好每个细节,就等于抓住了成功女神赋予你的难得机会。

　　一个雨天的下午,一位老妇人走进一家百货商场,她漫无目的地在商场内闲逛,显然是一副不打算买东西的样子。看到她简朴的装束,很多店员都心不在焉,不予理会。

　　这时,一位年轻店员看到这位老妇人,立刻主动地迎上去,很有礼貌地问:"夫人,我能为您做点什么吗?"这位老妇人对他说:"我只是进来躲雨,并不打算买任何东西。"年轻店员微笑着对她说:"即使您不买东西,我们也同样欢迎您的到来。"

　　年轻店员说完这番话,并没有急于回去整理货架上的商品,而是留下来主动和这位老妇人聊天,显示出自己的诚意,并且搬来一把椅子让她坐下。当这位老妇人要离去时,年轻店员还送她到商场门口。老妇人向这个年轻店员道谢,并向他要了张名片。

　　后来,年轻店员便忘了这件事。然而,几个月后的一天,他突然被费城百货公司的老板詹姆斯召到办公室,他向这位年轻店员出示了一封信,信是那位老妇人写来的。信中要求

将这位年轻店员派往苏格兰收取一份装潢一所豪宅的订单。詹姆斯为此惊喜不已，草草一算，这份订单所带来的利润相当于他们公司两年的利润总和！与写信人迅速取得联系后，一切真相大白。原来这封信正是出自躲雨的那位老妇人之手，这位老妇人是美国亿万富翁钢铁大王卡内基的母亲。

就这样，一件小事、一些细节成就了这位年轻店员，使他在职业生涯中获得了意外的收获。这又一次应验了那句俗语：莫以善小而不为，细微之处有乾坤。

忽略细节会让你与好工作失之交臂

找到一份好工作，这是每个人梦寐以求的事情，但是这个愿望，却并不太容易实现。很多时候，即使你的才华、能力足以证明你能胜任某项工作，但是却还是被招聘单位拒之门外，在这种情况下，很多人百思不得其解，自己已经做得很到位了，为什么招聘单位还是不满意？其实，他们拒绝你肯定是有理由的，如果你确信自己在展现能力方面已经做得很完美了，不妨想想，是不是自己做事中一些疏漏的小细节给自己拖了后腿。

细节能影响个人前程，这在很多求职者身上都有体现。很多人在找工作时，十分注意自己的个人形象，他们穿戴整齐，举止彬彬有礼。但是，很多人却会屡次碰壁，这是为什么呢？因为他们忽略了细节。许多人求职时用手写的简历，但字迹潦草，这会让用人单位认为你是一个不严谨的人，工作起来也有可能马马虎虎，所以只好放弃。

此外，在面试时还要注意自己的言谈举止，不要过于卖弄才学。

刘强与用人单位约好下午14：05面试，可他直至14：12才到。前台小姐把他带去面试时，面试的经理还没问什么呢，他就开始解释说路上车堵了好长时间，真没办法。面试刚开始三分钟，动听的手机音乐响起来了，刘强习惯性地接听了电话，旁若无人："这件事不是跟您说很多次了吗？您直接问总经理就行了……"谈到一个专业问题时，面试官问："这样操作可行吗？"刘强答："我说这样做就肯定没问题的，这方面我有十几年工作经验了。"结果，虽然用人单位对于他的业务能力表示认可，但其不注重细节，太自以为是，最后还是放弃了录用刘强。

但也有的人因注重细节，而获得了好工作。

一个大学毕业生去广州想靠打工闯出一番事业来。但很不幸，一下火车，他的钱包被偷，钱和身份证都没了。在受冻挨饿了两天后，他决定开始捡垃圾——虽然受白眼，但至少能解决吃饭问题。一天，他正低头捡垃圾时，忽然觉得背后有人注视自己。回头一看，发现有个中年人站在他背后。中年人拿出一张名片："这家公司正在招聘，你可以去试试。"那是一个很热闹的场面——五六十个人同在一个大厅里，其中很多人都西装革履，他有点儿自惭形秽，想退下来，但最终还是等在了那里。当他一递上名片，小姐就伸出手来：

第一章 成功从做好小事开始

"恭喜你,你已经被录取了。这是我们总经理的名片,他曾吩咐,有个青年会拿着名片来应聘,只要他来了,就成为我们公司的一员!"就这样,没有经过任何面试,他进入了这家公司。后来,通过个人努力,他成为副总经理。"你为什么会选择我?"闲聊时他去问总经理。"因为我会看相,知道你是栋梁之材。"每次总经理都神秘兮兮地一笑。

又过了两三年,公司业务越做越大,总经理要去新城市进行投资。临走时,将这个城市的所有业务都委托给了他。送行那天,他和总经理在贵宾候机室面对面坐着。"你肯定一直都很想知道我为什么会选择你。那次我偶然看见你在捡垃圾,就观察了你很久,你每次都把有用的东西拣出来,将剩下的垃圾归理好再放回垃圾箱。当时我想,如果一个人在这样不利的环境下还能够注意到这种细节,那么无论他是什么学历、什么背景,我都应该给他一个机会。而且,连这种小事都可以做到一丝不苟的人,不可能不成功。"

细节既可以使人失去一份稳操胜券的工作,也可以使人获得一份连自己都不敢奢求的工作。以小见大,通过一个人办事过程中的一些看似不起眼的小细节来评判一个人是否工作称职,这是很多企业经常运用的方法。所以,要想获得如意的工作,要想在企业中更好地发展,就要对一些细节给予足够重视。

关注小节,职场人际关系会更融洽

很多人都有这种感觉,在一个和谐融洽的环境里工作,自己的心情舒畅，工作起来也格外有积极性，工作效率也很高。也正因为如此，现在很多企业招聘员工，都很看重应聘者的交际能力。

和许多同事在一个办公室里工作，就会发现有人能和同事打成一片，有人却孤孤单单，除了重大问题上的矛盾和直接的利害冲突外，平时不注意自己的言行细节也是一个原因。下面这些言行是办公室中应避忌的，你千万不要疏忽。

一、好事不通报

陆群的表姐是管后勤的，所以单位里有什么好事，比如发几箱水果了、组织看电影了，陆群总能最先得到消息，自然他每次都能领到最好的。但不知出于什么想法，有好事时陆群从来不向大家通报，大家自然也就离他远远的。如果看到陆群一个人行动时，同事就会冷笑着说："瞧！不知道又有什么好事了！"

单位里发物品、领奖金等，你先知道了或者已经领了，一声不响地坐在那里，像没事儿似的，从不向大家通报，可以代领的东西，你也从不帮着领，这样几次下来，别人自然会有想法，觉得你太不合群，缺乏共同意识和协作精神。以后他们有事先知道了，也就有可能不告诉你。如此下去，彼此的关系就不会和谐了。

二、明知而推说不知

同事出差去了，或者临时出去一会儿，这时正好有人来找他，或者正好有他的电话，即使同事走时没事先告诉你，若你知道就不妨告诉找他的人；如果你确实不知，那不妨问问别人，然后再告诉对方，以显示自己的热情。明明知道，而你却说不知道，一旦被人

知晓，那彼此的关系就势必会受到影响。外人找同事，不管情况怎样，都要真诚和热情，这样，即使没有起到实际作用，外人也会觉得你们的同事关系很好。

三、进出不互相告知

你有事要外出一会儿，或者请假不上班，虽然批准请假的是领导，但你最好给办公室里的同事说一声。即使你临时出去半个小时，也要与同事打个招呼。这样，倘若领导或熟人来找，也可以让同事有个交代。如果你什么也不愿说，进进出出神秘兮兮的，有时正好有要紧的事，受到影响的还是自己。互相告知，既是共同工作的需要，也是联络感情的需要，它表明双方互有的尊重与信任。

四、有事不肯向同事求助

轻易不求人，这是对的，因为求人总会给别人带来麻烦。但任何事情都是辩证的，有时求助别人反而能表明你的信赖，能融洽关系，加深感情。比如你身体不好，同事的爱人是医生，你可以通过同事的介绍去就诊，以便诊得快、诊得细。倘若你偏不肯求助，同事知道了，反而会觉得你不信任对方。你不愿求对方，对方也就不好意思求你；你怕给对方麻烦，对方就以为你也很怕麻烦。良好的人际关系是以互相帮助为前提的。因此，求助他人，在一般情况下是可以的。当然，要讲究分寸，尽量不要使人家为难。

五、拒绝同事的"小吃"

同事带点水果、瓜子、糖之类的零食到办公室，休息时间，你就不要推，不要以为吃人家的东西难为情而一概拒绝。有时，同事中有人获了奖或评上职称什么的，大家高兴，要他买点东西请客，这也是很正常的，对此，你可以积极参与。不要冷冷地坐在旁边一声不吭，更不要人家给你，你却一口回绝，表现出一副不屑为伍或不稀罕的神态。人家热情分送，你却每每拒绝，时间一长，人家有理由说你清高和傲慢，觉得与你难以相处。

六、喜欢嘴巴上占便宜

在同事相处中，有些人总想在嘴巴上占便宜。有些人喜欢说别人的笑话，讨人家的便宜，虽是玩笑，也绝不肯以自己吃亏而告终；有些人喜欢争辩，没理也要争三分；有些人不论国家大事，还是日常生活小事，一见对方有破绽，就死死抓住不放，非要让对方败下阵来不可；有些人对本来就争论不清的问题也想要争个水落石出；有些人常常主动出击，对方不说他，他总是先说对方……这种喜欢在嘴巴上占便宜的人，实际上是很愚蠢的，给人的感觉是太好胜，锋芒太露，难以合作。因此，讲笑话、开玩笑时，有时不妨吃点亏，以示厚道。你什么都想占便宜，想表现得比别人聪明，最后往往是所有人对你敬而远之。

七、神经过于敏感

有些人警觉性很高，对同事也时时处于提防状态，一见别人在议论，就疑心在说他；有些人喜欢把别人往坏处想，动不动就把别人的言行与自己联系起来；有些人想象力太丰富，对方随便说了一句，根本无心，他却听出了丰富的内涵。过于敏感其实是一种自我折磨，一种心理煎熬，一种自己对自己的苛刻。同事间，有时还是麻木一点为好。神经过于敏感的人，关系肯定搞不好。过分敏感，就像天平，米多了一粒，就马上显出重了；米少了一粒，就马上显出轻了。人与人也相同，你太敏感，别人就会觉得无法与你相处。

八、该做的杂务不做

几个人同在一个办公室,每天总有些杂务,如打开水、扫地、擦门窗、整理报纸等,这些虽都是小事,但也要积极去做。如果同事的年纪比你大,你不妨主动多做些。懒惰是人人厌恶的,如果你从来不打开水,可每天都要喝,报纸从来不整理,可每天都争着看,久而久之,大家对你就不会有好感。如果你自己的房间收拾得非常干净,可在办公室里却从不扫地,那么大家就会说你比较自私。集体的事,要靠集体来做,你不做,就或多或少有点不合群了。

九、领导面前献殷勤

对单位的领导要尊重,对领导正确的指令要认真执行,这都是对的。但不要在领导面前献殷勤,溜须拍马。有些人工作上敷衍塞责,一见领导来了,就让座、倒茶甚至公开吹捧,以讨领导的欢心。这种行为,虽然与同事没有直接的利害关系,但正直的同事都是很反感的。他们会在心里瞧不起你,不想与你合作,有的还会对你嗤之以鼻。如果你的上司确实优秀,你真心诚意佩服他,那就应该表现得含蓄些,最好体现在具体工作上。有些人经常瞒着同事向上司反映问题,而这些问题往往是同事们平时在办公室里谈论的。这实际上是一种变相地献殷勤、打报告,同事得知后,会极其厌恶。

简单不代表容易,轻松不可以轻视

从前有一个小和尚,他在寺院担任撞钟一职。半年下来,他觉得每天都面对着那个破钟,做着一成不变的工作,简直乏味之极。因此他每天撞钟时都垂头丧气,提不起精神来。

第一章 成功从做好小事开始

就这样，日子过了很久，突然有一天，住持宣布调这个小和尚到后院劈柴挑水，原因是他不能胜任撞钟一职，即便这个工作看起来很简单。小和尚很不服气，反问住持："我撞的钟难道不准时、不响亮？"老住持摇摇头。"那为什么说我不能胜任撞钟一职？"小和尚很不解。最后，老住持耐心地告诉他："你撞的钟虽然很准时，也很响亮，但钟声空泛、疲软，没有感召力。钟声是要唤醒沉迷的众生，因此，撞出的钟声不仅要洪亮，而且要圆润、浑厚、深沉、悠远。可你的钟声里并没有这些，可见你没有真正投入到撞钟中去，所以你不胜任。"小和尚听了，无言以对。

生活中的很多事情，看起来都是轻松简单的，但有些时候却往往做不到。其原因就在于，我们都把这些简单的小事看得很容易，漫不经心，不当一回事，当然也就无从做好。其实简单不等于容易，只有处处严格要求自己，全身心投入进去，才能给自己一个满意的结果。

有一位教授曾在一所财经大学做过一次小小的测试：要求全班50位学生，每人模拟填写一份增值税发票，结果完全填写正确的只有两个人，而且其中一人还涂改过。

作为学生，一张票据十几个栏目填写错一两个栏目，老师还会给个七八十分；但作为企业的职员，发票填错一栏，整张票就作废，那就是0分；如果填写错了没有及时发现，麻烦就大了，而不只是得0分的问题。如果你去公司财务部就职，发票若是老开错，那你

就该走人了。

有一位企业老总,说过这样一段话:"做过我下属的人,大多数都觉得我要求甚严。我要求有两点必须做到的:第一,接了手的事必须按时、按标准完成,不能完成做任何解释我都不听;第二,已做完的事情,无论多轻松、简单都必须自己检查认定完全没有错误再上报,不要等我检查出了破绽或漏洞再辩解。我曾经跟我的秘书分析说:安排你做的事,无论巨细,你不去做就该我做,你做不到位,我就要返工。从管理角度说,公司花了大价钱请我,成本在你的10倍以上;从经济的意义上说,我花一小时能做的事,你花一天的时间做好,值。同样的道理,一件小事,你花了一个小时做完交给了我,当我发现了不足,再去补充、修订,花半个小时,如果这样,不如费你半天时间更合算。你把小事做细了,我的工作效率就提高了。从此,她的工作越来越到位,我的工作也就渐渐顺手了。"

做小事情一定要严谨

有个人小时候家里很穷,住房破败不堪,四处是洞,一到冬天,北风呼呼地吹进来,冻得人直哆嗦,于是他就和妈妈一起用纸去糊窗户,妈妈嘱咐他说:"不要贪图快,要仔仔细细地把边边角角糊严实,因为'针眼大的窟窿斗大的风',要不过几天会冻得你受不了的。"故事里的妈妈告诉孩子的就是"做事情一定要严谨"的道理。

生活里还有许多这样的例子,比如你拧一颗螺丝钉要严丝合缝,否则留下隐患,经不起时间的检验;比如你写一篇文章要结构合理,杜绝病句错字,否则便是败笔,禁不住读者的推敲;比如你签一份商业合同,要逐条细查严防漏洞,否则让人家埋下伏笔,钻了空子,最后给自己造成经济损失，就像会计做账目，多一分钱不行，少一分钱也不行，必须严谨。只有严谨，你才能走得稳；你走得稳，才能走得远。否则，时间都花在摔跤上，一路上总是在摸爬滚打，能够走得快、走得远吗？

那么，怎样才能学会严谨？古时候老子有一句话："天下难事，必做于易；天下大事，必做于细。"说的就是做事情不要看不起那些简单的小事情，不要忽略那些被大家认为很容易的细节。一个人能够把简单的事情天天做到位，就是不简单；大家都认为很容易的事情，你非常认真严谨地做好，这就是不容易。

第一章 成功从做好小事开始

任小萍从北京外语学院毕业后被分配到中国驻英国大使馆做接线员。做一个小小的接线员，是很多人觉得没有出息的工作，可是任小萍却把这个普通工作做得有模有样。她把使馆所有人的名字、电话、工作范围，甚至连他们的家属名字都背得滚瓜烂熟，有些电话打进来，办事情不知道该找谁，她就会多问问，尽量帮助人家准确地找到。慢慢地，使馆人员有事外出，不是告诉他们的翻译了，而是给她打电话，告诉她可能有谁会打来电话，需要转告什么事情等；有很多公事、私事也委托她通知，任小萍很快成了使馆全面负责的"大秘书"。有一天，大使竟然也跑到电话间，笑眯眯地表扬她，这是破天荒的事。结果没多久，她就因工作出色而破格被调去给英国某大报记者处做翻译。现在，她已经是北京外交学院的副院长了。她说：正是做接线员时养成的严谨细致的工作作风，奠定了她日后成功的基础。

所以说，严谨的作风是一种财富，是你无论走到哪里都背在身上的财富！

应届大学毕业生小陈在参加招聘会的那天早上，不慎碰翻了水杯，将放在桌上的简历打湿了。为尽快赶到会场，小陈只是将简历简单晾了一下，便和其他东西一起匆匆塞进了背包。在招聘现场，小陈看中了一家深圳房地产公司的广告策划主管岗位。招聘人员问了小陈几个问题后，便找他要简历。小陈受宠若惊地掏出简历，这才发现，简历上不光有一大片水渍，而且放在包里一揉，再加上钥匙等东西的划痕，已经不成样子了。小陈努力地想将它弄平整，但却只是徒劳，只好递了过去。招聘人员皱了皱眉头，但还是收下了。小陈那份皱巴巴的简历夹在一叠整洁的简历里，显得十分的刺眼。

几天后，小陈参加了面试，表现非常活跃，无论是现场操作平面设计软件，还是为虚拟的产品做口头推介，他都完成得不错，赢得面试负责人的啧啧称赞。当他结束面试时，负责人告诉他："你是今天面试者中最出色的一个。"

然而，面试过去了一周，小陈依然没有拿到录用通知。他着急了，忍不住打电话向那位负责人询问情况。负责人沉默了一会儿，告诉他："其实面试时我们对你很满意，但你败在了简历上。老总说：一个连简历都保管不好的人，是管理不好一个部门的。你应该知道，简历实际上代表的是你的个人形象，而你竟然将一份凌乱的简历随便投出去，这太不认真、太有失严谨了。"

只是一个小小的细节，却导致一次求职失败。所以说，严谨不是小事情。这值得所有人注意。

一丝不苟才能万无一失

河豚肉质细腻，味道极佳，但这种鱼的味道虽美，毒性却极强，处理稍有不慎就有可能致人死命。但在日本却鲜有中毒、死亡的事情发生。这是为什么呢？

原来日本的河豚加工程序是十分严格的，一名上岗的河豚厨师至少要接受两年的严格培训，考试合格以后才能领取执照，开张营业。在实际操作中，每条河豚的加工去毒需要经过30道工序，一个熟练厨师也要花20分钟才能完成。

加工河豚为什么需要30道工序而不是29道？我们不得而知，我们知道的是日本人极少因吃河豚而中毒。从这一点来说，一丝不苟的做事风格，一定是经过严格的程序形成的，一定是一板一眼、认真细致的。

一丝不苟是日本人的一个突出特点，在日资企业工作过的员工经常给人一种一丝不苟、严谨规范的感觉。在有些人看来，日本人的流程作业等做法很多余，是一种对时间和人力的浪费。但是，就是因为日本企业一直坚持流程作业，才为企业和员工带来了利益。

事实上，严格按照流程去做，最后都能达到预期目标，走捷径、投机取巧有时反而会把事情弄糟。凡事都按照流程去做的话，有些失误就会在操作中一步步被发现，隐患也就理所当然地被消灭了。

做事情一丝不苟还意味着要追求工作"零缺陷"。

"零缺陷"就是力争每一项工作、每一个环节都不存在缺陷，要

第一章 成功从做好小事开始

求人们第一次就把事情做对。它是一种决不向"任何不符合"妥协的决心。

在工作中做到"零缺陷",就是要求我们把工作当作自己的事情来做,不要高标准要求别人,而低标准要求自己,走出"差不多就行"、"马马虎虎"的思想和工作误区,努力实现"零缺陷"。

"神舟"五号载人飞船的成功举世瞩目,是了不起的成就。它的成功和了不起,就在于追求并达到了各个系统、各个环节、各道工艺的"零缺陷"!航天器升空,从设计到制造,每个零部件的加工,每个细微关节都不可有半点的闪失。反复地论证和测试,没有任何回旋余地和弹性指标;上万人的研制团队,谁也不能有丝毫的草率和懈怠;几百吨的擎天物体升空,高精尖的合成,计算精确,考虑周到,没有丝毫的纰漏;逃逸舱的设计,降落伞的备用,二次故障的保险,乃至发射时间的选择,回收地点的考虑,以及航天员的生存空间,通话保障系统等各项航天要件的到位,都达到无以复加的严谨程度,做到了百分之百的细致和周到。参与的每个人追求的是百分之百的把握,不抱一丝的侥幸。

许多人缺乏一丝不苟的工作作风,原因在于从小养成了轻率疏忽的不良习惯,背弃了将工作做得完美无缺的原则。

努力培养一丝不苟的工作作风吧,只有把工作做到万无一失,比别人更准确、更完美,你才能引起老板的关注,实现你心中的愿望。

举轻若重,杀鸡须用牛刀

中国人常用"杀鸡焉用牛刀"来表示对小事的轻视,但在很多时候,"杀鸡须用牛刀",只有举轻若重,花大力气,把小事做细,才能把事情做好。

有时候,人们都想做大事,而不愿意或不屑于做小事,结果大事做不了,小事做不好。

看不到细节,或者不把细节当回事的人,对工作缺乏认真严谨的态度,对事情只能是敷衍了事。这种人无法把工作当作一种乐趣,而只是当作一种不得不接受的苦役,因而在工作中缺乏热情。而考虑到细节、注重细节的人,不仅认真地对待工作,将小事做细,并且能从细节中找到机会,从而使自己走上成功之路。

大家都很敬佩已故总理周恩来的胆识和谋略,他那种举轻若重、关注细节的本领,更值得大家学习和借鉴。

尼克松访华时敏锐地发现周恩来总理对一些事情的细节非常认真——周恩来总理在晚宴上为他挑选的乐曲正是他所喜欢的那首《美丽的阿美利加》。

后来,在来访的第三天晚上,客人被邀请去看乒乓球和其他体育表演。当时天已下雪,而客人预定第二天要去参观长城。周恩来总理得知这一情况后离开了一会儿,通知有关部门清扫通往长城路上的积雪。

周恩来总理做事是精细的,同时他对工作人员的要求也是异常严格的。他最容不得"大概"、"差不多"、"可能"、"也许"这一类的字眼。有次北京饭店举行涉外宴会,周恩来总理在宴会前了解饭菜的准备情况时,他问:"今晚的点心什么馅?"一位工作人员随口答道:"大概是三鲜馅的吧。"周恩来总理追问道:"什么叫大概?究竟是还是不是?客人中

间如果有人对海鲜过敏，出了问题谁负责？"

生活其实是由一些小得不能再小的事情构成的，可有些人总是倾心于远大的理想和宏伟的目标，总觉得那些微不足道的小事不过是秋天飘落的一片片树叶，没有声响，忽略了不该忽略的小事情、小细节，从而在接踵而至的小事面前穷于准备，忙于应付。

其实，手头的小工作正是大事业的开始，一个职场人士对待工作认真与否，许多时候就体现在这些小事上，能否认识到这一点，就意味着你能否做成一项大事业。

小周是一家音响设备公司的工作人员，他每次给客户送音响的时候，都很注意一些小细节。

比如，在给客户送货的时候，刚拆开的设备都是全新的，他总是戴上一次性的塑料手套为客户安装，安装完之后，连一个细小的手印都没有。

他还特意将服务卡上的售后电话用笔勾出来，让客户一眼就能找到，然后把使用说明书、发票、服务卡等票据全放在一起，交给客户。

小周所做的这一切公司都没有要求，但他却很细心地考虑到了，而且每一次都是这么做的。

时间长了，有一些老客户特别喜欢小周，甚至在购买音响器材的时候，指名要他负责。就这样，小周的工作能力被公司看中，他被提拔为客户经理。

其实小周所做的一切说起来真的一点儿都不难，我们每个人都能做到，就是认真细心。一个人的工作精神、工作面貌如何，就体现在这一举手一投足中。

对自己的工作认真负责，将每一件小事都做到最好，这正是一个优秀员工的素养。也只有将每一件小事都做好的员工，才能让上司放心将重要的事情交到他的手上。

完美不可能，但严谨认真可以让自己无限接近完美。"无论何时，我们都坚信完美虽然不能实现，但只要严谨认真，就可无限接近。"这是一位海尔员工说的，而且，海尔人也确实是这么做的。

> 海尔集团在最初创业的时候，最看中产品的质量。有一次，一下子出现72台冰箱的质量不合格的状况，而所谓的不合格，仅仅是冰箱表面的凹陷和某些地方的小小瑕疵。可是张瑞敏想也没想，拿起大锤子就要把它们砸了。职工们很痛惜，于是劝阻他不要砸，希望能打折买下来。但是张瑞敏不同意，他的眼里容忍不了质量的瑕疵，他要让所有人记住质量的重要性，因此他宁愿砸下第一锤。职工们眼含热泪看着他把锤子抡向冰箱。质量就这样成就了海尔的口碑和品牌。

若没有严谨认真的精神，若没有追求完美的态度，72台冰箱大可不必变成一堆废料，海尔也大可把冰箱低价销售出去，将损失降到最低，这些冰箱以及它们身上的瑕疵也将会随着时间而被人们慢慢遗忘。可是正是这种眼里揉不进沙子的完美态度，才令海尔赢得了消费者的拥护，成为一个著名品牌。太多的人被这个砸冰箱的事件征服，没有人再去在意那72台冰箱是不合格的，瑕疵本身已经变

第一章 成功从做好小事开始

成了配角,重要的是海尔追求质量完美的严谨态度,重要的是海尔举轻若重的精神。

重视细小的规章制度

小文进一家外企不久,有一天下午她有些发困,于是到咖啡间用纸杯给自己冲了一杯咖啡。喝完之后,她把纸杯扔到垃圾桶里。小文用纸杯冲咖啡的事被上司知道了。于是,下班之前她的上司把她叫了过去,说喝咖啡的纸杯是专供客人使用的,公司员工喝咖啡只能自备杯子。如果她下次再用纸杯喝咖啡,就按规定罚款,从薪水里扣。从上司的办公室出来,小文实在不理解,就这么一个几分钱的小纸杯,为什么要这么小题大做?

的确,无论是小纸杯,还是打印纸,都值不了几个钱,但是,这不是一个价值的问题,而是一个事关公司规章制度的问题。

对于许多职场人士来说,他们更关注的似乎是公司的工资福利和可用资源,如休假、奖金发放、出差标准及补贴、医疗保险等。应该说,作为工薪一族,关注这些没错,而且是应当的,不过,作为一个职场人士,光关注这些方面还不够,还必须了解公司在劳动纪律、奖惩等方面的各种规章制度。其实,只要是具备一定管理水平的公司,在对新员工进行岗前培训的时候,大都会全面地介绍公司的各种规章制度,只是一些职场人士对这方面的问题心不在焉罢了。

当大家是学生时,在学校是相对自由的。正是由于这种"自由"的惯性作用,进入职场后,并没有意识到自己人生角色的变化,不习惯完全按照公司的各种规章制度来要求自己，总是把公司的规章制度看得很轻。有的人工作起来可能很卖力气，但就是喜欢犯点这样或那样的小毛病。在各种小毛病当中，最常见的就是上班的时候迟到，而上班迟到，往往是纪律严明的公司最不能容忍的。

职场新人一定要尽快和全面了解公司内部的各种规章制度，使自己尽量少犯错误，少出纰漏，从一开始就养成遵章守纪、一丝不苟的职业习惯，这种职业习惯就像火车铁轨一样，它能保证你在自己的职业生涯中走在正确的轨道上。

现在许多职场新人在违犯了公司的规章制度后，总是喜欢用"我不知道"或"我不是故意的"为自己开脱。作为初犯，公司可能会原谅你，但即便如此，你也会给上司和同事留下不良的印象。如果你老是对公司的一些规章制度视而不见的话，早晚会被公司炒鱿鱼。

打杂就是扎马步

小章去国贸的一家大跨国公司应聘，没想到，只有自己当场就被拒绝了，而其他人都是等候通知。他对被拒绝也有心理准备，但是对方拒绝他的理由却让他无法接受。

小章不仅毕业于名牌大学，而且在校园里也可以说是一呼百应的风云人物。"我毕业于某某理工大学电子工程系，在大学里，我是系学生会主席，曾组织过多次大型校内校外演艺活动，并利用假期时间，参加过许多社会公益活动，我认为，我有很强的组织能力和领导才能……"小章一上来就这么自我介绍，希望先声夺人，给对方留下一个强烈而又深刻的印象。

但主聘的人似乎毫无感觉，语气淡淡地问小章："要是我安排你去我们的一个工厂，先在机修车间干一段时间，你愿意吗？"

小章以为这只是考验他，便说："我不甘心做机修工，但我会努力去做，而且做到最好，直到你们觉得我可以胜任管理工作。"

主聘的人微微点头后对小章说："好，公司培训完后你就去那个工厂，先在机修车间干一段时间。"

小章没想到对方说到做到，真让自己去机修车间，于是他说："我觉得机修的工作不需要大学本科生去做，所以，让我做机修工，您不觉得这是人才浪费吗？我完全可以做比机修更重要的工作。"

"噢？"对方反问，"在我们公司，每一份工作都重要，现在既然你这么说，说明你的水平一定很高，那我问你，在我们公司现有的各类电子产品中，对哪类产品的设计你非常熟悉？"

"这……"小章无言以对，但他心有不甘。

见小章这样，主聘人很客气地说："如果愿意的话，我欢迎你参加我们公司的下一次应聘。"

小章犯的是一个职场新人的通病：刚刚从象牙塔中走出来，以为自己是十年磨一剑，学识丰富，能力非凡，再加上相貌英俊、年轻潇洒，便觉得自己绝对是一块当领导的料，因此，常常摆出一副指点江山的架势，总是希望得到一份富有挑战性的工作来发挥自己的专长，并证明自己的能力，从而尽快获得提升。但是，绝大部分企业的领导人是冷静和现实的,他们一般不会让这种职场新人负责比较重要的工作,一开始多是让其打杂,道理很简单,学生刚出校门无论有多大能耐,总是欠缺很多经验。

由于现实总是与理想存在着差距,所以,许多职场新人抱怨平时"吃的是杂粮,干的是杂活,做的是杂人",很容易产生跳槽的想法。当你蜻蜓点水似的换过几次工作之后才发现,这样的情况几乎到哪里都存在。即使你没有跳槽,但当你牢骚满腹、怀才不遇的时候,一年两年就过去了;除了不再是"职场新人",你一点也没改变,仍然在原地踏步,继续打杂,而与你一起来的可能早已青云直上。

作为职场中人,你应该知道,公司是一种追求效益最大化的经济动物,它也必然会要求人才效益的最大化,它既然把你招进来了,自然就对你有所期待,在给你安排工作的时候,它自然会考虑让你的能力得到最大限度的发挥,因而它对你的工作安排自然有所考虑,有所合理性。

因此,对于职场新人来说,前两三年打打杂是很正常的,这如同练功先要扎马步一样;在这个阶段,公司实际上是让你进公司的"预科班"。因此,在"预科班",你要有一种从零做起的心态,放下大学生的架子,虚心地向同事请教,只有这样,你才能顺利从这个"预科班"结业。

即使你在学校门门功课都是100分,你也得读这个"预科班",因为你刚从学校出来,是白纸一张,这个时候,几乎没有什么经验。所以,作为职场新人,要有多做一点和多学一点的心态,这样,你才有可能以优秀的成绩从这个"预科班"结业。

要坐"高位子",先坐"冷板凳"

一个人要想安身立命于世,成家立业于社会,就不得不学会忍。人在屋檐下,不得不低头。时机不利时,低下头,委屈一下自己,是十分必要的。尤其是在小事情上,能忍耐就尽量忍耐,否则,小事也可能变成大问题。要想成功必须有忍耐之心,这样才能够找到属于自己的那根"竹竿",顺着爬上去。这根竿子就是我们所称的机遇。

机遇,这个东西,就像夜幕之中一闪而过的流星。它不是什么时候都有的,转瞬即逝。如果没有充足的耐心,即使出现了机遇,也未必能把握住。每个人都企盼"一朝成名天下知",渴望功成名就的辉煌,但在此之前,还需要有"十年寒窗无人问"的努力,有把冷板凳坐热的耐心。放低姿态,平和心情,耐心寻找机会。

有一位女大学生,某重点大学经济学院毕业,在一家外贸公司里面当职员。这位女大学生基础扎实,很有才学,漂亮能干,刚进公司时就很受老板赏识,人际关系处理得也很到位,同事都很喜欢她。但不知是怎么回事,整整一年多的时间,老板从未过问过她的情况,也不交给她重要的工作,更没有与她有过什么沟通,只是让她干一些不起眼的事情,对于公司来说她简直是可有可无。

可是,这个女孩并没有放弃努力,也从未抱怨过,更没有因为自己是科班出身、专业对口,而向领导讨个说法,她只是认为自己还是个新员工,做不起眼的工作,坐"冷板凳"是应该的。终于,一年后,老板找她谈话了,不但肯定了她一年多来默默无闻工作的成绩，还依据她的实际能力为她晋升了职位，她的耐心等待总算得到了回报。

如果这个女大学生放弃了，没有耐心坐"冷板凳"，没有用尽责的表现获得领导的赏识，那么其人生必定暗淡下去。每个人都不希望坐"冷板凳"，可是世事难料，如果没有耐心，急于求成，难保会四处碰壁。而耐心做好眼前的事情，兴许就能把握走向成功的机会。说到冷板凳，就很容易想起球场上的"板凳队员"，他们可能最能够体会到耐心等待对于人生的重要性。

一般来说，每支球队的人数大多都超过了上场的人数，因此很多人都是要坐"冷板凳"的，只有少数的主力能够登场。除了主力之外，就是坐在板凳上等待机会的替补球员。在一场比赛中，这些板凳队员有的只能上场几分钟，有的连上场的机会都没有，即使一个赛季，一些替补也没能上场几分钟。如此时光，可谓难熬之极，但是如果熬不下去的话，也许坐"冷板凳"的资格也没有了。

看看球场上，有些人现在叱咤风云、风光无限，可是几个月前也许他还在冷板凳上苦熬岁月。人生就是这样，不可能什么时候都是耀眼的明星、观众的焦点，机遇也不可能时刻都有。很多时候，都得坐在冷冰冰的板凳上，等待着机遇的出现。

退一步才会海阔天空。不管是大事小情都要学会忍受，在忍耐里负重前行，人就会变得睿智、变得豁达。生活中不能没有忍耐，人们居家生活也要善于忍耐。忍耐并不是懦弱，而是一种积极的人生态度。

人都喜欢抱怨命运的不公，埋怨自己没有获得良好的发展机会，但是事实上，如果对自己所做的每件事情进行细致的分析，也许会

发现，机会不是没有，只是在不自觉中把它浪费掉了。成功不只是需要热忱的干劲，还需要足够的耐心。

如果一个人没有一点忍耐的精神，很可能会造成可悲的结局。生活中，因为一时冲动而做出傻事的人还少吗？人必须忍耐，忍耐虽然不是解决问题的唯一良方，但在很多时候，仍不失为一种好方法，小者可以消灾，大者可以建功立业。

第二章 小礼仪实为大资本

礼多人不怪，谦恭好处多

人们常常说"礼多人不怪"，的确，在与人交往中，谦恭的人往往能够得到别人的友谊，人们都乐意与这样的人交往。而那些高傲自大的人几乎没有人会喜欢，因为每个人都有追求平等的权利，而自大的人无形中会伤害他人的自尊，又怎么能与他人和谐相处呢？

小郑是公司里的新人，本应处处留心向别人学习才对，但是因为他的一个亲戚在公司里担任要职，因此小郑把身边的人都不放在眼里，就连对他的顶头上司也随意而为，说话大大咧咧。尽管上司对小郑的行为很反感，但碍于小郑亲戚的面子，因此就没有流露出对小郑的不满。但是，公司的同事都不约而同地疏远小郑，因此小郑的人际关系不是很好，很多工作都得不到大家的有效配合，工作业绩很一般。

由此可见，一个人若在工作中不能够以礼待人，只能落得形单影只、无人理睬的局面，这样的人根本无法展开工作，业绩自然也就不会很好。

美国著名科学家和思想家本杰明·富兰克林年轻时是一个非常骄傲的人。他的爸爸把他视为掌上宝，他的成绩在班里名列前茅，因此他从来没有把任何人放在眼里，觉得只有自己才算得上尊贵的人。

富兰克林的这一缺点被他父亲的一位朋友发现了，这个朋友认为他父亲放纵富兰克林的做法是不对的，很容易影响富兰克林的前途。于是，有一天父亲的朋友把富兰克林叫到身边说："富兰克林，如果别人不尊重你的意见，总觉得自己的意见是正确的，让你感到难堪，你还会和他交往吗？谁也不愿意从别人那里无故受气，所以如果你想让朋友们都喜欢你，就要用谦虚的态度对待他们，使他们都愿意与你交往，把自己所知道的告诉你。因为你现在的知识还远远不够用，所以你要多接触朋友，只有这样你才能取得真正的成功。"

富兰克林被这位长辈的话深深地打动了，他意识到自己从前对别人多么不尊重，从此，他改掉了高傲自大的毛病，处处谦卑为人，时刻尊重他人的看法和意见。许多年后，富兰克林成为美国享有盛誉的人物，成了一个真正的全才——伟大的科学家、思想家、文学家以及实业家和社会活动家。而这一切的成就都与他谦恭待人、朋友众多的资本分不开。

目中无人这个恶习是成功者的大忌，就算一个人有再大的才华、再好的环境和条件，但是若没有一颗谦恭的心，就可能会变成孤家寡人。

有一次，商会要召开一次见面会，参加会议的人因为知道李嘉诚要来都早早地赶到了。离会议召开还有半小时，李嘉诚也赶到了，他到场的第一件事就是和到会的成员一一握手，并谦恭地递上自己的名片。在整个华人世界里，李嘉诚的名字简直无人不晓，更别提在商业领域了。可是，李嘉诚递名片的态度就像小学生一样谦恭认真，这是大家没有想到的。

一个响当当的华人富豪，一个家喻户晓的大人物，在为人处世的时候尚且谦卑至此，我们又有什么理由不以礼待人呢？

得体的言谈举止不可缺

有些时候，人们以为言谈举止是一件微不足道的小事，认为它只是一个人在生活中很小的一个方面。殊不知，"不拘小节才是真性情，才是大丈夫"的论调已经不再适合这个时代。有句话说得好：细节决定成败。有时候，朋友、爱人、同事，甚至是陌生人，都是通过你的言谈举止来对你做出最初步也最感性化的评价的。因为当一个人对你的内在不太了解的时候，言谈举止、服装外貌等一些外在的表现就成了他们判断你的标准。人都是感性的动物，当他们用理性在最初的接触中无法做出正确的判断时，他们宁愿相信自己的眼睛和耳朵，根据他们所看到的、所感受到的来对陌生人做出评价。

与人相处，信任是最基本的前提，只有当彼此的沟通和交往建立在信任的基础上时，彼此才有可能彻底地放开心怀，团结一致，共同协作，才能进一步获得双赢。如何才能得到他人的信任呢？难

道一定要有过人的实力或者与众不同的才能吗？不一定。其实有时候，要获得他人的信任很简单。只要有心，时时注意自己的言行举止、以诚待人，相信你可以很快得到别人的信任。

天皇巨星刘德华就用他的亲身经历为我们上了生动的一课。

在刘德华没有成名之前，只有机会演出一些跑龙套的小角色，并没有引起观众的注意。但他平日谦恭有礼、谈吐得体的作风却让一些与他合作过的大牌演员和导演十分欣赏。曾经有一位前辈给过他这样的评价：说话真挚诚恳，做事有条不紊，这样一个勤奋而又用心的小子，将来一定大有作为，一定会成长为娱乐圈的一颗巨星。是什么让前辈对他有如此高的评价呢？除了拥有俊朗的外表，他更被看中的是得体的言谈举止。他最后也终于凭借出色的言行博得了众人的信任，从而获得了一个难得的发展良机。

在导演许鞍华筹备拍摄《投奔怒海》时，最初选定周润发作为该片的主演，但因为种种原因周润发没能接拍此片。但周润发为许鞍华导演推荐了曾经在他戏里担任过打手的刘德华。当时负责选演员的是制片人夏梦，她立即去见许鞍华，正赶上林子祥和缪骞人也都在场。

林子祥说："前段时候，我拍《夜来香》MTV的时候，有个跑龙套的小伙子外形很不错，也许你可以考虑一下看看。"

许鞍华立即问道："那他为人怎么样？"

"别的我不太清楚，但是他很用功，而且行为举止大方得体，说话也很有分寸，可以看得出，以后一定不会是个小角色。"

但当许鞍华问到他的名字时,林子祥却答不出来了,只知道他是无线艺训班刚毕业不久的学员。许鞍华只好让夏梦负责打听此人。让人出乎意料的是,当夏梦向摄影师钟志文打听此人的时候,钟志文却对她说:"你也别打听了,我给你推荐一个人吧。他叫刘德华。"

又是刘德华,摄影师的意见竟然和周润发不谋而合,夏梦当即决定要见一见这个人。事后在两人见面的谈话中,听了夏梦的描述,刘德华不禁笑着说,林子祥先生说的那个人,也是我。什么?竟然会有3个演艺圈的大人物同时推荐这个初出茅庐的小子。夏梦当即决定,《投奔怒海》的主角就用刘德华。

对于当日的刘德华来说,那时他不过是一个刚刚出道的新人。恐怕他自己都没有想过,他在平日与人交往时注意言谈举止的做法,竟然给他的事业带来这样大的一个契机。

最后,《投奔怒海》获得当年香港金像奖最受欢迎的十大影片之一,刘德华一举成名,为他日后的发展打开了一个全新的局面。

从刘德华的起步经历我们可以看出,实力固然重要,但得体出色的言谈举止就好像一封介绍信,可以让你获得他人的欣赏,得到他人的信任,而只有得到他人的信任,取得共同合作的机会之后,你才有可能展现出你的实力,让别人更加确信,让他们相信你是正确的选择。刘德华就是凭借自己出色的言谈举止,得到了这样一个可遇不可求的机会,从而为他的演艺道路推开了一扇通往成功的大门。

同样的道理,也适用于同事之间的交往,与老板、客户之间的

交往等交际环境中。因为大方得体的言谈举止,可以树立起同事对你的尊重,让他们相信,你是一个有能力的人,你完全有能力处理周遭的各种麻烦事,可以成为他们有力的保障;进退有度的言谈举止,可以建立起老板对你的信任,让他们相信,你值得去担任更加重要的职位,你可以完成得更好、更出色;热情有度的言谈举止,可以提高客户对你的信赖度,让他们相信,只有你才能做好他们的项目,你是他们心目中最完美的人选。

站有站相,坐有坐相

每个人都希望自己有优雅的举止,其实它并非是与生俱来的,人们经过后天的努力与训练也可以形成。不过需要人们积极主动地参与形体训练,掌握正确的举止姿态,从而矫正那些生活中形成的不良习惯,最终达到自然美与修饰美和谐的境界。

一、注意你的站相

常言说"站如松",意思是一个人站立的姿势应该如同松树那样挺拔。事实上,一个人的站姿往往能够体现一个人的精神面貌。站姿是其他优美体态的基础,是表现不同姿态美的起点。

1. 站姿规范

一个人要想站姿规范,必须做到以下几点:

(1)头要正。双眼平视前方,嘴要微闭,收颌梗颈,面带微笑。

(2)肩要平。两肩平正,稍微放松,同时还要稍向后下沉。

(3)臂要垂。两肩平整,两臂下垂,中指要对准自己的裤缝。

(4)躯要挺。胸部挺起,腹部要往里收,腰部表现要正直,臀部向内向上收紧。

（5）腿要并。两腿立直，还要贴紧，脚跟靠拢，两脚夹角呈60度。

提到站姿，人们往往想到部队战士的立正。不过这种规范的礼仪站姿与立正的姿势有一定的区别。礼仪的站姿相对于立正来讲，更多体现了自然、亲近和柔美。

2. 站姿分类

除了规范的站姿，一个人的站姿还有以下几种：

（1）叉手站姿。此种站姿，要求两手要在腹前交叉，右手要搭在左手上直立。如果是男子，他的两脚可以分开，距离要保持在20厘米内。如果是女子，她可以采取小丁字步，即一脚稍微向前，脚跟靠在另一脚内侧。这种站姿在端正之余略有自由，在郑重之余略有放松。同时，人的身体重心还可以在两脚间转换，从而达到减轻疲劳的目的。

（2）背手站姿。此种站姿，要求双手在身后交叉，右手要贴在左手外面，贴在两臀中间。至于两脚，既可以分开，也可以合并。需要注意的是，分开时不超过肩宽，脚尖展开，两脚的夹角要达到60度，挺胸立腰，收颌收腹，双目平视。这种站姿在优美中略显威严，让人产生距离感。它比较适用于保卫人员。对于他们而言，如果将两脚改为并立，更加突出了他们的尊严，表现出一种威风。

（3）背垂手站姿。此种站姿，要求一只手背在后面，贴在臀部，另一只手自然下垂，同时手要自然弯曲，中指要对准裤缝，两脚因人而异，既可以并拢，也可以分开，还可以呈小丁字步。这种站姿比较适合于男士，这样会体现出他的大方自然。

在日常生活中，以上介绍的几种站姿是十分实用的。它不仅会给他人挺拔俊美、庄重大方的感觉，而且还可以显示出自己的乐观、自信。冰冻三尺，非一日之寒，要想掌握这些站姿也绝非是一两天就可以练就的，它需要经过严格的训练，长期的坚持。

值得提醒人们的是，训练的人在站立中，千万不能探脖、塌腰、耸肩，双手也不能放在衣兜里，腿脚不能随便乱抖，两眼不可左顾右盼。只有严格要求自我，才会避免给别人留下不良印象。

二、注意你的坐相

在日常生活中，一个人坐姿端庄优美，会给人温文尔雅、稳重大方的感觉。如果一个人在大庭广众之中，不注意自己的坐姿，腰伸不直，腿乱叉开，他只能给别人不好的印象。坐是一种静态造型，它和站姿一样，也是十分重要的仪态。

1. 男子坐姿

由于性别不同，坐姿会有不同的要求。对于男子，优美的坐姿主要有以下6种。

（1）标准式坐姿。这要求男子上身要正直上挺，两肩要正平，双手既可以放在两腿上，还可以放在扶手上，双膝要并拢，小腿要垂直地落于地面，两脚分开，形成大约45度的角度。

（2）前伸式坐姿。这首先要求男子保持上面提到的标准式坐姿。在此基础上，两小腿要向前伸大约一脚的长度，同时左脚要向前半脚，脚尖不要翘起。

（3）前交叉式坐姿。这要求小腿要前伸，两脚的踝部要交叉。

（4）屈直式坐姿。这要求左小腿要回屈，前脚掌要着地，右脚要前伸，双膝并拢。

（5）斜身交叉式坐姿。这要求两小腿要交叉向左斜出，上体要向右倾，右肘要放在扶手上，同时左手扶把手。

（6）重叠式坐姿。这要求右腿叠在左腿膝上部，右小腿内收，贴向左腿，脚尖自然地向下垂。

2. 女子坐姿

对于女子而言，坐姿讲究要更多一些，主要有以下8种。

（1）标准式坐姿。两脚呈小丁字步，左前右后，两膝并拢。除此之外，上身要保持前倾，向下落座。当女子穿裙装的衣服时，落座时要用双手在后边从上往下把裙子拢一下，以防坐出皱褶或因裙子被坐住，使腿部裸露过多。坐下后，上身要挺直，双肩要平正，两臂自然弯曲，两手交叉叠放在两腿中部，并靠近小腹。两膝并拢，小腿垂直于地面，两脚保持小丁字步。

（2）前伸式坐姿。要求女子在标准坐姿的基础上，两小腿向前伸出两脚并拢，需要注意的是脚尖不要翘。

（3）前交叉式坐姿。要求在前伸式坐姿的基础上，右脚后缩，与左脚交叉，两踝关节重叠，两脚尖着地。

（4）屈直式坐姿。右脚要前伸，左小腿屈回，大腿靠紧，两脚前脚掌着地，并在一条直线上。

（5）后点式坐姿。两小腿要后屈，脚尖要着地，双膝要并拢。

（6）侧点式坐姿。两小腿要向左斜出，两膝要并拢，右脚跟要向左脚内侧靠拢，右脚掌着地，左脚尖着地，头和身躯向左斜。需要注意的是大腿小腿要呈90度，小腿要充分伸直。

（7）侧挂式坐姿。要求在侧点式的基础上，左小腿要后屈，脚要绷直，脚掌内侧着地，右脚要提起，用脚面贴住左踝，膝和小腿并拢，上身右转。

（8）重叠式坐姿。这种坐姿又称为"二郎腿"，它是在标准式坐姿的基础上，两腿向前，一条腿提起，腿窝落在另一腿的膝关节上

边。需要注意的是上边的腿要向里收，贴住另一腿，脚尖向下。这种坐姿是比较灵活的，它还有正身和侧身之分，手部也有交叉、托肋、扶把手等多种变化。不过这种坐姿只适合在家里适用，在公众场合不宜采取。

小小的坐姿，还可以反映出人的不同性格和心态。一般而言，一个性格强势的人心情愉悦时会不拘小节，落座时动作大而猛；一个性格谨慎的人落座时的动作则反映出小而轻缓。

微笑是送给他人最好的见面礼

有句话说得好：微笑是缩短两人之间距离的最佳良方。微笑是人际交往的必备品，更是美妙生活的调味剂，微笑的世界就是天堂。

法国著名作家雨果说："笑，就是阳光，它能消除人们脸上的冬色。"他人就如同一面镜子，你给他以笑容，他也同样会回报你以笑容。

与人交往中，不管在家中、办公室，还是在途中遇到朋友，只要你不吝惜自己的微笑，就会收到意想不到的良效。有很多专业推销员，每天清早洗漱时，总要用两三分钟的时间，对着镜子训练自己的微笑，使自己的微笑更迷人。

原一平曾为自己的矮小而遗憾，在原一平加入明治保险公司不久，与原一平个子相差无几的高木金次先生召见了原一平。

高木先生曾经在美国专事推销。他的身材比原一平略高而已，但也显得瘦弱无比。

第二章 小礼仪实为大资本

他注视着原一平说:"身材高大、魁梧之人,先是外表就显得很威风,所以,访问客户时也易使对方产生好印象。我想,我们个子矮的首先需要以表情制胜,特别要重视笑容满面,务必显出发自肺腑的笑容。"

说完,高木的脸上马上浮现出笑容。那是一种浑身都在笑的微笑,是淳朴感人的微笑,这笑容使得原一平顿有所悟。

从此后,原一平开始不断地对着镜子训练笑容。

由于专心想着练习笑容之事,走在马路上,原一平往往会不自觉地露出笑脸,有时甚至会笑出声来。他练习笑容就如同着了魔。

后来,原一平自豪地说:"如今,我认为自己的笑容与婴儿的笑容相差无几。"

婴儿的笑容,纯真得令人心旷神怡。当大人展露出接近婴儿的那种笑容,那才是发自内心的微笑,这种笑容能使初次见面的人如坐春风。

行动比言语更具有力量,而微笑更是如此。

一位密苏里州的兽医,曾经提到,有一年春天,他的候诊室里挤满了顾客,他们带着自己的宠物准备注射疫苗。没有人闲聊,后来有一位女顾客走了进来,带着她九个月大的孩子与一只小猫。凑巧的是,她就坐在一位先生身旁,而那位先生等待得已经不耐烦了。然而他发现,那个孩子正抬头注视着他,并咧着嘴对他无邪地笑着。这位先生也对那个孩子笑了笑,然后他就同这位女士谈起她的孩子与他的孙子

来。过了一会儿,整个候诊室中的人都交谈起来,气氛也从乏味、僵滞变成了轻松愉快。

微笑是温暖的阳光,微笑是和煦的春风,将微笑当作礼物,温暖地、慷慨地,像春风春雨一样奉献,会使人们感到亲切、愉快。可以说,微笑是促进你社交成功的必要手段。

礼貌的求教,没有人会拒绝

当一个人虚心而有礼貌地向他人求教时,常常能够获得别人的好感。特别是那些凭借自身努力而取得成功的人士,如果用求教的方式接近他们,就会变得非常容易。

有一次,日本著名推销大师原一平向一个日化企业的老板山本推销他的保险。山本非常高傲,原一平多次登门,都没有见到他。后来原一平改变了策略,对秘书说他有事求教于山本先生。秘书进去询问,很快出来通知原一平说:"山本先生请您进去。"

一见面,原一平就谦虚地说:"山本先生,您和我年纪差不多大,为什么您能够取得今天的成绩呢?我很想向您学习成功的经验。"山本见他态度诚恳,就把自己怎样创业、怎样发展公司业务的经历详细地说了出来,一聊就是两个多小时。期间,原一平常常对山本的话提出一些疑问,山本都一一回答。最后,原一平对山本说:"我关注贵公司已经很久了。今天又听了您的讲述,更加对您的公司感兴趣了。

我想为您的公司写一份销售计划，希望您能允许。"山本同意了。

就这样，原一平花了一个月的时间，在考察了山本公司所有资料后拟订了一份适合的销售计划。山本拿到这个计划后也很感兴趣，并按照计划实行了一季度，果然使公司的销售业绩大幅度提升。就这样，原一平成了山本的朋友，山本公司的所有保险也都从原一平那里购买了。

每个人都有这样的心理，就是不愿意受人摆布和支使。但是如果你能够以请教的方式接近别人，就不会让对方陷入这样的境地中，而且还常常能够获得别人的信任。

小吴是个从事二手车买卖的推销员。他在网上设了一个网页，生意十分兴隆。有一次小吴遇到一个难缠的客户，每次为客户推荐客户车型时，客户不是嫌质量不好，就是嫌价格太高。这让小吴觉得十分为难，却又不想失去这个客户。

有一天，小吴手里有一款车正好比较符合那个客户的要求。于是他给客户打电话说："我这里有一辆车，您来帮我看看好吗？"那个客户欣然同意了。当客户看到这部车后，小吴对他说，这部车的内部零件非常好，只是外部看起来比较破旧了，问这个客户应该怎么处理好。

这个客户是个汽车发烧友，对汽车的内部结构非常了解。他发现这部车除了表面的漆和座位有些破旧之外，其他硬件都保持良好，看来是部质量过硬的车，于是建议小吴不要用这部车去换一个低档的新车，而是应该把这部车翻修一

下,卖个好价钱。

小吴见客户对这部车评价很高,就对客户说:"如果我以4万元的价格把这部车转让给您,您能接受吗?"

客户想了一会儿,然后点头说:"好的。这的确是部好车,我买了。"

就这样,小吴通过请教的方式成功使客户买了他的车。

人们都喜欢肯定和赞美,当你向他人求教的时候,无形中就是对别人的肯定,这要比那些露骨的阿谀奉承更容易让人接受。

不但成功人士乐于接受求教的人,做各种技术工作的知识分子也是一样。他们非常喜欢和别人分享自己的知识与学问,如果你对他们的知识和学问感兴趣,就能很快成为他的朋友,所需办的事情也就水到渠成了。

马宏是医疗器械的推销员,每天在各大医院推销他的器械设备。有一次,他们公司引进了一批质量非常好的心电图仪,马宏觉得这个产品有很大的市场潜力。

可是当马宏把这些心电图仪带到各大医院时,医院的医生和领导并不买账,尽管他把这个仪器的原理和优势等都讲得非常清楚,但还是没有一家医院购买他的仪器。

后来马宏认识了一家医院的心脏科主任,他觉得这是一次好机会。这次马宏不像以前那样直接给对方灌输很多这个机器的信息,而是把机器带过去,对主任说:"这个机器刚刚投放市场,有很多地方还不是很完美,您给我们提提意见吧。我们公司会做出相应的改进的。"

主任仔细研究了这个仪器后说:"比起以前的心电图仪,它已经进步不少了,但就是在仪器结构上不如以前的结实。我们现在的心电图仪已经用了3年了,从来没有坏过。况且你们的仪器价格太高了,比原来的价钱多出一倍,恐怕医院不会批这么多的钱引进这台机器。"

马宏听了主任的话,连忙道谢说:"感谢您给我们提的宝贵意见。我会反馈给公司,我们一定会做出相应的改进,请您放心。"

后来,马宏所在的公司决定为心电图仪做5年免费维修,还把价格降了1/3。通过这样的措施,马宏成功地卖出很多仪器。

把荣誉送给别人的人是智者,肯向别人虚心求教的人就是把荣誉通过一种隐晦的方式送给了别人。所以,当你与他人的关系和合作无法展开时,不妨采用这个方式,也许就会一路通畅。

别轻视"谢谢"的作用

"谢谢"不仅仅是礼貌用语,也是沟通人们心灵的桥梁。"谢谢"这个词似乎极为普通,但如果运用恰当,会产生巨大的交际作用。

一是说"谢谢"时必须有诚意,发自内心,这样,对方才不会感到是一种应酬的客套话。

二是说"谢谢"时要认真、自然、直截了当,不要含糊地咕噜一声。

三是说"谢谢"时应有明确的称呼,通过称呼被谢人的名字,使你的道谢专一化。如果感谢几个人,最好一个个地向他们道谢。

四是说"谢谢"时要有一定的体态语言,头部要轻轻点一点,目光要注视着你要感谢的人,而且要伴随着真挚的微笑,这样对方的反应会更强烈。

五是说"谢谢"时要及时注意对方的反应。对方对你的感谢感到茫然时,你要用简洁的语言向他道出致谢的原因,这样才能使你的道谢达到目的。

道谢是为了表达感激之情,如果使施惠者反而因此感到窘迫,便违背了本意。为了不致使人窘迫,道谢要考虑时间、地点和对方的特点。比如,被谢者不希望局外人知道自己帮了你,你就应尊重对方的意愿。如果恰巧在大庭广众之下遇见对方,就要含蓄地表示谢意,或者小声地耳语,甚至可借握手之机,用热情有力的动作,加上含笑的眼神来表示。

总之,一定不要吝啬你的"谢谢"。

说上一句得体的"再见"

随着现代社会文明程度的提高,人们在交往中更加注意礼仪,不辞而别或拂袖而去,恐怕很少有人觉得是一种值得效仿的姿态了。很多孩子尚在父母怀抱中的时候,就被教着学说再见。可见,礼貌用语已家喻户晓了。

"再见",顾名思义就是"再次相见",实际是句预祝语,期望下一次再见,而将此作为分手时的客气话,确实有非常精彩的引申意义。

各种人说"再见"时是有不同表情的，有时有尊敬、感激、难分难舍、悲怆等情绪，有时也有敷衍、冷漠、愤怒等情绪，这些情绪都是由在交往中形成的认识引发的。学生求教于老师，告别时深怀感谢恩师之情，告辞退出门时一鞠躬，说声："×老师，再见！"某公司老板到一商行洽谈生意，进门不久就受到对方的冷嘲热讽，侮辱之语难以忍耐，他极克制地说了句"再见"，便出门驾车离去。可见，"再见"一语含义单一，但却能反映说话者的心意。

说"再见"时，切忌突然，不可在别人谈兴正浓，而你还未有任何先兆表明想离开时，突兀地冒出"再见"，那样会让别人感到毫无思想准备，同时又觉得你不尊重别人。说"再见"前，最好从最中心的热门话题中游离出来，谈一些边缘或轻松的话题，自然地让他人感到主要部分已经谈得差不多了。这时，你应该不失时机地强调一下这次交往的成功之处和特点，重申对方在谈话中答应承诺和履行的内容，以及你本人可以答应的那一部分。然后再表露出"再见"的意思。

假如你通过有声和无声的语言同对方达到了心灵上的某种沟通后，那么，你再补充上一句得体的"再见"，就可以在最初交往中获得满意的分数。

交际礼仪记心上

交际礼仪看似小事，其实不然，一个懂得交际礼仪的人，才是一个有教养、受欢迎的人。

一、不可不知的介绍礼节

1. 自我介绍时的礼节

介绍是社交和接待活动中普遍的礼节，是见面相识和发生联系的最初方式。巧妙得体的自我介绍，可以为双方进一步交往奠定基础，也可以显示出良好的交际风度。介绍可以在许多场合进行，如宴会、舞会、亲友聚会、寿庆、婚礼、会议、商店，甚至路上相遇等。

自我介绍的基本程序是：先向对方点头致意，得到回应后再向对方介绍自己的姓名、单位和身份，同时递上事先准备好的名片。自我介绍时，可掌心向内，轻按左胸，但不能用拇指指向自己。表情要自然、亲切，注视对方，举止庄重、大方，态度镇定而充满自信，表现出渴望认识对方的热情。如果担负一定的领导职务，不要一见面就自我夸示，只能说我在某单位工作。

作自我介绍时，应掌握时机，如初次见面的时机或对方有兴趣的时机。内容繁简适度，态度谦虚，注意礼节。一般以半分钟为宜，情况特殊也不宜超过 1 分钟。如对方表现出有认识自己的愿望，则可在报出本人姓名、供职单位及职务的基础上，再简略地介绍自己的籍贯、学历、爱好、专长等。当然，在进行自我介绍时，应该实事求是，既不能把自己拔得过高，也不要自卑地贬低自己。介绍用语要留有余地，不宜用"最"、"极"、"特别"、"第一"等表示极端的词儿。

在交际场合，如果你想结识某人，可采取主动的自我介绍方式。例如："您好！我叫×××，见到您很高兴。"以引起对方的呼应。也可采取被动的自我介绍方式，先婉转地询问对方："先生您好！请问我该怎样称呼您呢？"待对方作完自我介绍再顺势介绍自己。总之，自我介绍要以诚实和坦率为前提，使对方愿意同你结识。

自我介绍除了用语言之外，还可借助介绍信、工作证或名片等信物证明自己的身份，作为辅助介绍，以增强对方对自己的信任。

2. 居中介绍时的礼节

居中介绍即为他人介绍，就是把一个人引见给其他人相识沟通的过程。善于为他人做介绍，可以使你在朋友中享有更高的威信和影响力。充当居中介绍的人员一般是公关礼宾人员、东道主、在场的地位最高者或与被介绍人双方都相识的人。

（1）介绍的顺序。居中介绍时，介绍者处于当事人之间。因此，介绍之前必须了解被介绍双方各自的身份、供职单位以及双方有无相识的愿望，或衡量一下有无为双方介绍的必要，再择机行事。介绍的先后顺序应坚持受到特别尊重的一方有了解对方的优先权的原则，如应将职位低的介绍给职位高者，将年轻的介绍给年长者，将年龄和职务相当的男士介绍给女士，将客人介绍给主人，将个人介绍给团体，将晚到者介绍给早到者。在口头表达时，先称呼职位高者、长辈、女士、主人、先到场者等，再将被介绍者介绍出来，而后介绍先称呼的一方。

（2）介绍人的神态与手势。居中介绍者在为他人做介绍时，态度要热情友好，语言清晰明快。做介绍时，介绍人应立至被介绍人之间，呈三角站立，在介绍一方时，应微笑着用自己的视线把另一方的注意力引导过来。手的正确姿势应抬起前臂，五指并拢伸直，手掌向上倾斜，指向被介绍者，但介绍人不能用手拍被介绍人的肩、胳膊和背等部位；更不能用食指或拇指指向被介绍的任何一方。

（3）介绍人的陈述。介绍人在作介绍时要先向双方打招呼，使双方有思想准备。介绍人的介绍语宜简明扼要，分寸恰当，使用敬辞。一般不介绍私人生活方面的情况，如居住地址、婚姻之类。在较为

正式的场合,可以说:"尊敬的×××先生,请允许我向您介绍一下……"或说:"××,这就是我向你常提起的×××。"在介绍中要避免过分赞扬某个人,给人留下厚此薄彼的感觉。在介绍别人时,切忌把复姓当作单姓,常见的复姓有"欧阳"、"司马"、"司徒"、"上官"、"诸葛"、"西门"等,注意不要把"欧阳明"称"欧先生"。当介绍人为双方介绍后,被介绍人应向对方点头致意或握手为礼,并以"您好","很高兴认识您","幸会、幸会"等友善的语句问候对方,表现出结识对方的诚意。介绍人在介绍后,不要随即离开,应给双方交谈提示话题,可有选择性地介绍双方的共同点,如相似的经历、共同的爱好和相关的职业等,待双方进入话题后,再去招呼其他客人。

(4)对介绍的应答。一旦被介绍,你就成了大家注意的中心。这时你应作出应答:一是如果你是坐着的应起立,如不能起立,也应欠身表示,二是走向对方,注视对方,面露微笑,以示对对方的尊重;三是握手,这是信任和尊重的表示,也是互相致意和问候的一种方式;四是向对方招呼,重复对方的名字和职务(职称)。

3.集体介绍时的礼节

集体介绍礼仪亦有顺序上的尊卑先后之别。集体介绍分单向介绍和多向介绍两种。集体介绍的顺序应比照居中介绍的顺序,并考虑单向介绍和多向介绍的特点。

单向介绍,如讲演、报告时,只介绍主角。如为两个团体进行介绍,应先介绍东道主或人少的一方。其排列方法有:或以负责人身份为准,或以单位规模为准,或以单位名称的英文字母顺序为准,或以抵达的时间为准,或以座次为准,或以距介绍者的远近为准。

集体介绍的内容,原则上与"居中介绍"的内容相同。

二、不可不知的称呼礼节

1. 称呼的原则

称呼是当面招呼用的表示彼此关系的名称。称呼语是交际语言中的先锋官。一声亲切而得体的称呼，不仅体现出一个人待人谦恭有礼的美德，而且可以使对方如坐春风，易于交融双方的情感，为深层交际打下基础。

社会是一个大舞台，每个社会成员都在这个大舞台上充当特定的社会角色，而称呼最能准确地反映人际关系的亲疏远近和尊卑上下，具有鲜明的褒贬性。亲属之间，按彼此的关系，都有固定称呼，自不待说，在社会交际中，人际称呼的格调则有文野雅俗高下之分，它不仅反映人的身份、地位、职业和婚姻状况，而且反映对对方的态度及其亲疏关系，不同的称呼内容可以使人产生不同的情态。如同是对老年人，就可称老人家、老同志、老师傅、老大爷、老先生、老伯、老叔、老丈，对德高望重者还可称"×老"；切不可称"老头子"、"老婆子"、"老东西"、"老家伙"、"老不死"等。很显然，前者是褒称，带有尊敬对方的感情色彩；而后者则是贬称，带有蔑视对方的厌恶情绪。在交际开始时，只有使用高格调的称呼，才会使交际对象产生同你交往的欲望。因此，使用称呼语时要遵循如下三个原则。

（1）礼貌原则。这是人际称呼的基本原则之一。每个人都希望被他人尊重，而合乎礼节的称呼，正是表达对他人尊重和表现自己有礼貌修养的一种方式。在社交场合中，称呼对方要用尊称。常用的尊称有："您"（如您好，请您……）、"贵"（如贵姓、贵公司、贵方、贵校、贵体）、"大"（如尊姓大名、大作）、"贤"（如贤弟、贤媳、贤侄）、"高"（如高寿、高见、高明）、"尊"（如尊客、尊言、尊意、

尊口、尊夫人）。

（2）尊崇原则。一般来说，汉族人有从大从老从高的心态。如对同龄人，可称呼对方为哥、姐；对副科长、副处长、副厂长等，也直接以正职相称。

（3）适度原则。许多青年人往往对人喜欢称师傅，虽然亲热有余，但文雅不足且普适性较差。对理发师、厨师、企业工人称师傅恰如其分，但对医生、教师、军人、干部、商务工作者称师傅就不合适了。所以，要视交际对象、场合、双方关系等选择恰当的称呼。在与众多人打招呼时，还要注意亲疏远近和主次关系。一般以先长后幼、先高后低、先女后男、先亲后疏为宜。

2. 称呼的礼俗

（1）记住对方姓名。美国成功学家戴尔·卡耐基说："一个人的姓名是他自己最熟悉、最甜美、最妙不可言的声音。""在交际中，最明显、最简单、最重要、最能得到好感的方法，就是记住人家的名字。"记住并准确地称呼对方的姓名，会使人感到亲切自然，一见如故。否则，即使有过交往的朋友也会生疏起来。

（2）称呼的方式。称呼的方式有多种：①称姓名，如"张三"、"李四"、"王娟"等，称姓名一般适用于年龄、职务相仿，或是同学、好友之间，否则，就应将姓名、职务、职业等并称才合适，如"张三老师"、"李四处长"、"王娟小姐"等；②称职务，如"王经理"、"汪局长"等；③称职业，如"老师"、"空姐"、"乘务员"、"医生"、"律师"、"营业员"等；④称职衔，如工程师、教授、上尉、大校等；⑤拟亲称，如"唐爷爷"、"汪叔叔"、"胡阿姨"等；⑥一般称，如"先生"、"夫人"、"太太"、"小姐"、"同志"等，这是最普遍、最常用的称呼。

3. 称呼的忌讳

在人际交往中，为了使自己对他人的称呼不失敬意，应避免在对人对事称呼上的一些忌讳。

（1）不要使用绰号和庸俗的称呼。随意给人起绰号，称呼"哥们儿"、"姐们儿"、"大腕儿"等，这些称呼不仅难登大雅之堂，而且会给对方造成不悦和伤害。

（2）不滥用行业性或地域性的称呼。如老板、出家人等带有行业性的词；使用很广的"爱人"这一称呼带有地域性，在国外往往被理解为充当第三者的"情人"。

（3）对不吉利的词语和恶言谩骂的词语要避讳。如"死"字，中国人历来就十分忌讳，并另造了一些词来表达死的含义。如百年之后、老了、去世、下世、过世、辞世、病故、病逝、长逝、长眠、仙逝、作古、不在了、远行等。再如北京地区为了避免骂人嫌疑，将沾了"蛋"字边的东西都改了名；这些言语忌讳不仅反映了人们趋利避害的思想倾向，也表示了对他人的尊重。

三、不可不知的握手礼

1. 握手的场合

聚散忧喜皆握手，此时无声胜有声。握手礼是目前世界许多国家通行的礼节，也是人们日常交际的基本礼节。有一首顺口溜说道：相逢点头笑，握手问个好，笑容挂眉梢，心儿甜透了。握手是社交活动中一个神秘的使者。对陌生的人，握手是结成友谊的桥梁；对远方的来客，握手能表达深厚的感情；对爱恋的人，握手是心灵的交流；对危难的人，握手是信心和力量。应该握手的场合，至少有以下几种：在你被介绍与人相识时；与友人久别重逢时；社交场合突

遇熟人时；客人到来与送别时；拜托别人时；与客户交易成功时；别人为自己提供帮助时；向人表示祝贺、感激、鼓励时；劝慰友人时等。握手应本着"礼貌待人，自然得体"的原则，并灵活地掌握与运用握手礼的时机，以显示自己的修养与对对方的尊重。握手虽然简单，但握手动作的主动与被动、力量的大小、时间的长短、身体的姿势、面部的表情及视线的方向等，往往表现出握手人对对方的不同礼遇和态度。因而握手是大有讲究的。

2. 握手的礼节

（1）握手的顺序。握手的顺序，应根据握手双方的社会地位、年龄、性别和宾主身份来确定。按照"尊者在前"（或"尊者决定"）的原则，即尊者先伸手才能相握。在上级与下级之间、长辈与晚辈之间，应是前者先伸手，后者先问候，待前者伸手后才能相握；在男士与女士之间，女士伸手后，男士才能相握，如女士无握手之意，男士可点头或鞠躬致意即可；若男方已是祖辈年龄，则男方先伸手也是适宜的。在平辈的朋友中，相见时先出手为敬。在宾主之间，客人抵达时应由主人先伸手表示欢迎；客人告辞时，应由客人先伸手表示辞行，主人才能相握，否则便有逐客之嫌。如要同许多人握手时，其礼仪顺序可由尊而卑，依次进行。即先职位高者后职位低者，先长辈后晚辈，先女士后男士，先已婚者后未婚者，或由近而远依次进行。在接待外宾时，作为主人有向客人伸手的义务，无论对方是男客女客，主人都应先伸手以示欢迎。在社交场合，当别人忽视握手礼的先后顺序而已经伸出手时，都应毫不迟疑地立即回握，拒绝他人的握手是不礼貌的。在公务场合，握手时伸手的先后顺序主要取决于职位、身份，而在社交、休闲场合，则主要取决于年纪、性别与婚否。

（2）握手的三要素。

① 握姿。握手的正确做法，是人们在介绍之后，或互致问候的同时，双方各自伸出右手，彼此之间保持一步左右的距离，手略向侧下方伸出，拇指张开，其余四指自然并拢并微微内曲，掌心凹陷，握手时双方伸出的掌心都要不约而同地向着左方，然后用手掌和手指与对方的手扣合。伸手的动作要稳重、大方，态度要亲切、友好、热情。右手与人相握时，左手应当空着，并贴着大腿外侧自然下垂，以示用心专一。一般要站着握手，除老弱残疾者和女士外，不能坐着握手。为了表示尊敬，握手时上身略微前倾，头略低一些，面带笑容，注视对方的眼睛，边握手边说："您好！""见到您很高兴！""欢迎您！"握手时可以上下微摇以示热情，但不宜左右晃动或一方一动不动。对尊敬的长者握手可取双握式，即右手紧握对方右手时，再用左手加握对方的手背和前臂。军人戴军帽与对方握手前，应先行军礼，然后握手。当自己的手不干净时，应亮出手掌向对方示意声明，并表示歉意。② 时间。握手时间的长短可因人因地因情而异。太长了使人局促不安，太短表达不出热烈情绪。初次见面时握手时间以3秒钟左右为宜；在多人相聚的场合，不宜只与某一人长时间握手，以免引起他人误会。③ 力度。握手力量要适度，牢而不痛。过重的"虎钳式"握手显得粗鲁无礼；过轻的抓指尖握手又显得妄自尊大或敷衍了事；特别是男性与女性握手时，男方只需轻轻握一下女方的四指即可。

握手不仅是相互传情递意、联络沟通的手段，而且握手的姿势、可透露双方的心态及性格特点。美国著名作家海伦·凯勒说："我接触过的手，虽然无言，却极有表现性。有的人握手能拒人千里……我握着他们冷冰冰的指尖，就像和凛冽的北风握手一样。而有些人

的手却充满阳光,他们握住你的手,使你感到温暖。"握手的姿势尽管千差万别,归纳起来它可以传达三种基本态度:支配型,顺从型,平等型。在这三种基本态度中,平等型的握手所传递的信息是:"我喜欢你,我们可以相处得很好。"而支配型和顺从型的态度则正好相左。握手时,如果对方手掌心向下,握住你的手,你应该立刻意识到对方的支配欲和垄断欲很强,这种掌心向下的握手方式,无声地告诉你,对方在此时此地处于高人一等的地位。而与此相反,如果对方握住你的右手时掌心朝上,你应该意识到,你面前的人属于顺从型,这种人可能处世比较民主、谦和、平易近人,对你比较敬仰。这种人往往容易改变自己的看法,容易被他人支配。

3. 握手时的禁忌

一忌不讲先后顺序,抢先出手;二忌目光游移,漫不经心;三忌不摘手套、墨镜,自视高傲;四忌掌心向下,目中无人;五忌用力不当,敷衍鲁莽;六忌左手相握,有悖习俗;七忌握时过长,让人无所适从;八忌滥用"双握式",令人尴尬;九忌"死鱼"式握手,轻慢冷漠。

四、不可不知的电话礼仪

现代社会中,电话已成为商业联络的一个重要工具,职场中电话的使用频率更高,有成就的人应注意这样的细节,即在使用电话时通常会先等对方挂掉电话然后自己再挂掉。

因为有成就的人知道电话不仅传递声音,也传递情绪、态度和风度。虽然电话是通过声音交流,对方看不见你,但你的情绪、语气和姿态都能通过声音的变化传达给对方。电话是与顾客沟通交流的有效途径,接听电话是需要讲究礼仪的。有些职场中人,在这方面就相当欠缺。往往在接听电话时,还没等到对方说"再见",就重重地挂上了电话，虽然这只是一个很小的细节，但却是一个十分不礼貌的行为。不管你手头有多少工作需要尽快处理，也不可粗鲁地挂断电话，这会让对方感到你不懂礼貌，素质太低，对你产生坏印象。这是职场人士最忌讳的。

谭亮是一家贸易公司的助理，恰好在他忙得不可开交时，接到一个客户打来的电话，谭亮在听了对方一番长长的问题后，只作了简单的回答就挂了电话。对方还没有说"再见"，就听到谭亮这边"咔嚓"一声挂了电话，一下子就愣住了，并没有想到谭亮会在自己之前挂断电话，心里十分不快。

后来这个客户与谭亮的上司一起聊天时，说到了谭亮挂电话的事，他的上司好像受到了侮辱一般，回来就把谭亮训了一顿。

因为接听电话而失去重要客户是得不偿失的。因此，在工作中接每个电话，都要将对方视为自己的朋友，态度恳切，言语委婉，使对方乐于同你交谈。接听电话时，应注意倾听对方的谈话，这不仅是对他人的尊重，也体现出了你的修养和气质。同时，适当地给予回应，让对方感到你有耐心、有兴趣听他讲话，这无疑会使对方信任你。客户的信任对你的工作是很有利的。即使你案头有很多工作要做，也不可在接听电话时表现出不耐烦，尤其是接听抱怨你的工作或公司的情况的电话时更要耐心、专心地倾听。在电话交谈时态度冷冰冰的，急于为自己为公司争辩，不能平心静气地听对方说话，甚至不耐烦地挂断电话，这些做法不但不能解决问题，还会进一步激化矛盾，使得问

第二章　小礼仪实为大资本

题更难解决。遇到类似情况，首先要耐心听对方把话说完，然后再分析问题到底出在哪里，最后再平心静气地与对方商量解决办法，这样不但留住了客户，而且还能给客户留下好的印象。

　　一般来说，通话完毕后，打电话的一方应先挂断电话。某些情况下即使是你主动打的电话，若对方比你的职位高、年龄大，你也应该让对方先挂电话，然后自己再挂断。这是打电话的基本礼仪。

第三章 小形象塑造大魅力

改变形象从头发开始

头发位于人体的"制高点",它是一个人身上最引人注目的地方之一,在人的仪表美中占有举足轻重的地位。

要保持头发的整洁,一要勤于清洗,二要勤于修剪,三要勤于梳理,特别是在出门之前,换装和摘帽之后,要自觉梳理,但不宜当众梳理。

头发长短要男女有别,适中为度。男士一般以短发为主,前发不遮额头,侧发不掩双耳,后发不及衣领,最好不留大鬓角。

女士的头发应视身高、年龄、职业而异。女士头发的长度应与身高成正比,也要与年龄相适应。如一头飘逸披肩的秀发,在少女头上有如青春的护照,而出现在老年妇女头上,则令人发笑。

一、发型的选择

发型历来是人们审美趣味的重点之一,它既是保护和美化头部的能动因素,又是修饰面部审美格调的"重彩"。选择发型,总的原则是男性应讲究阳刚之美,女性则崇尚阴柔之美。

1. 选择发型应与自己的体型、年龄相匹配

一般来说,苗条的姑娘,宜选择较长的发型,如果发型过短,就更显瘦长;体型矮胖的人,则以较短的发型为佳。少女选择发型

较为自由,但不宜梳理复杂发型,应突出自然风韵之美;青年妇女忌过分摩登,以维护纯情姿态;中年妇女不宜留长发,以强调丽质端庄。颈部短的人,最好留短发或把头发梳成向上的发型;颈部缺陷明显者,可留长发遮盖。

2. 选择发型应与自己的身份、工作性质和周围环境相适应

不同的职业及不同身份的人,应有不同的发型。作为一名中学生,发式要活泼大方,以显出年轻人的朝气与活力;作为一名教师,则应选择朴素端庄的发式,以示教师的庄重典雅;若幼儿园的小朋友个个都烫成卷发,他们的脸上则难以看到应有的纯真;若一位男士梳起长辫或披发在肩,则会令人难辨男女,引起不必要的麻烦。凡此种种都说明,发型的选择不能只顾自己的好恶而不考虑外界的其他因素。

3. 选择发型应与自己的脸型相协调

发型与脸型关系特别密切。人的脸形有长、方、圆、尖、鼓、凹、凸等。发型的好坏,关键在于是否合适人的脸形。

鹅蛋脸更适合采用中分头路、左右均衡的发型,可增强端庄的美感。

圆脸形应避免后掠式或齐耳的内卷式,可采用轻柔的大波浪,将头发分层削剪,使两颊旁的头发贴紧,使之盖住脸颊;或将头前部和顶部的头发吹高,给人以蓬松感。

方脸形人要尽量用发型缩小脸部的宽度,脸颊两侧的头发要尽量垂直,以产生紧凑服帖感,使头部形态显得清秀一些。

长方脸形额头较高的人,可把头发梳平些,刘海稍长,齐眉或将眉盖住,以减短脸形的长度。

菱形脸可用蓬松的刘海遮盖额部,使额角显宽一些,两颊宜用

垂直发，腮的两侧尽量用大波卷使尖削的下巴柔和些。

心形脸不宜留短发，前顶部的头发不宜吹高，要让头发紧贴头顶和太阳穴部位，以减小额角的宽度。

发型应该避免花样复杂化，最好是做成简单而又大方的发型。披肩长发，给人以飘逸秀美的悬垂美感；大波浪发型给人以雍容华贵的气质；又细又软的头发，比较服帖，容易整理成型，小小的波浪，显得蓬松自然；俏丽短发，能充分体现个性美。不同的场合要配合不同的发型，只有适合自己的才是最好的。

总之，选择发型应根据自己的特点扬长避短，而不要生搬硬套。

二、头发的护理

拥有乌黑亮丽的秀发是每个女人的愿望，但黑亮而又湿润的头发是需要精心护理与呵护的。一头健康亮丽的秀发，不仅在生活上能令人精神振奋，在工作上也能塑造敬业、干练的形象。

要护理好自己的头发并不是一件很难的事，只要稍加注意，就能拥有一头乌黑亮丽的秀发。平常饮食要尽量合理地摄取矿物质，还应当多吃一些蛋白质含量丰富的食物，如黑芝麻、核桃仁、瓜子等。烟、酒、咖啡、糖等对头发的生长不利，所以平时要注意少吃甜食和盐分过多的食物，多吃蔬菜和水果。

经常梳理头发，对于促进头皮的血液循环和皮脂分泌，去除头屑、脏物，理顺头发，维持头发内部生长机制和发型，都有很好的作用，可谓一举多得。梳理头发时，用力要均匀，轻重适度。

头发要定期进行清洗，干性的头发不能用深层清洁的洗发水，油性的头发一定要用清洁力度大的洗发水。经常清洗头发，是维持头发健康的一个重要条件。

穿着打扮不可轻视

"人靠衣衫马靠鞍",注重穿着服饰将会打造个人的良好形象。

一个人穿着得体,服饰大方,不仅能赢得他人的信赖,给人留下良好的印象,而且还能够提高与人交往的能力。反之,则不然。由此可见,服饰装扮也是一门艺术,它既要讲究协调、色彩,也要注意场合、身份。

服饰是个人形体的外延,具体包括衣、裤、裙、帽、袜、手套等各类服饰。对于个人身体而言,服饰起着遮体御寒、美化形象的作用;对于社交场合而言,服饰又是一个人身份与个性的代表,它显示着一个人的品位、涵养和心理状态。一个人的服饰与穿戴者的气质、个性、身份、年龄、职业以及穿戴的环境、时间协调一致时,才能真正起到美化的作用。

一、选择服饰的原则

在日常生活中,一个人就应该对自己的着装服饰予以重视,力求做到服饰美。只有在平日里养成干净利索的好习惯,才不会让自己在关键时刻出丑。一个人在穿戴的时候,要注意以下几个基本原则。

1. 服饰要符合环境

置身于不同的环境、场合,应该有不同的服饰穿戴。比如,身居家中,可以穿随意舒适的休闲服;上班时,应身着端庄典雅的职业装;出席婚礼,服饰的色彩可鲜亮点;而参加吊唁活动,服饰则以凝重为宜。

2. 所选服饰要适合自己的角色

在社会生活中,一个人有时候要转换角色。不同的社会角色必须有不同的社会行为规范，在服饰的穿戴方面也应该表现出不同点。无论你出现在哪里，无论你干什么，最好先弄明白自己扮演的是什么角色，然后再考虑挑选一套适合于这个角色的服饰来装扮自己。

3. 要扬长避短，适合自身的条件

人们追求服饰美，就是要借服饰来装扮自身，即利用服饰的质地、色彩、造型、工艺等因素来美化自己。在了解服饰诸因素的同时，人们必须充分了解自身的特点，只有这样，才能达到扬长避短、扬美遮丑的目的。比如，身材矮小者适宜穿着造型简洁、色彩明快、小花型图案的服饰；肤色偏黄者，最好不要选与肤色相近或较暗的颜色，如棕色、土黄、深灰、蓝紫色等，它们容易隐藏人的生机和活力。

4. 衣服色彩要随季节而变化

季节变化也是穿戴时要考虑到的一个方面。比较理想的穿戴，不仅要考虑到服饰的保暖性和透气性，在其色彩的选择上也应注意与季节相适宜。如春秋季节适合穿中浅色调的服饰，如驼色、棕色、浅灰色等；冬季服饰色调以偏深色为宜，如咖啡、藏青、深褐等色；夏装可选丝棉织物，色调以淡雅为宜。

二、男士着装礼仪

由于性别差异，男士和女士在穿戴过程中会有不同的要求。对于男士而言，他们的服饰应体现出稳重、专业、令人信赖的特点。

1. 西装

在正式场合，男士一般多穿西装。

下面谈一下穿西装应有的礼仪。

男士西装依扣式排列可分为单排扣样式和双排扣样式。单排扣西装多为三件式，含背心一件。由于近来背心已逐渐被淘汰，不穿

背心的形式已相沿成习。坐下时，为求舒适，西装扣可打开，但起身或行走时，应扣上西装纽扣。穿双排扣西装则不必穿背心，应扣上明扣及暗扣，这是尊重他人的表现。西装给人以稳重、信任、帅美的感觉，但是剪裁须合身。在穿戴前要将西装熨烫得平整笔挺。穿戴时注意将西装口袋的袋盖放在外面，尽可能使西装上下身同一色系，这样较能凸显绅士气派。

男人在穿西装时，必须注意以下几个方面的禁忌。

（1）忌西裤过短（标准西裤长度为裤长盖住皮鞋）。

（2）忌衬衫放在西裤外。

（3）忌不扣衬衫扣。

（4）忌西服的衣、裤袋内鼓鼓囊囊。

（5）忌领带太短（一般长度应为领带尖盖住皮带扣）。

（6）忌西服上装两扣都扣上（双排扣西服则应都扣上）。

（7）忌西服配便鞋（休闲鞋、球鞋、旅游鞋、凉鞋等）。

2. 衬衫

男士衬衫有内穿型和外穿型之别，这在国外是极讲究的。内穿型衬衫合体，穿着严谨，凡衬穿在外套内的应选穿内穿型衬衫；而外穿型衬衫较宽松、穿着随意，适合于直接以衬衫为外衣的场合。目前，国内市场普遍是内外兼穿的传统型衬衫，内穿型的极少。

正规场合应穿白衬衫或浅色衬衫，配之以深色西装和领带，以显庄重。

当衬衫搭配领带穿着时（不论配穿西装与否），必须将领口纽扣、袖口纽扣和袖衩全部扣上，以显男士的刚性和力度。

衬衫领子的大小，以塞进一个手指的松量为宜，脖子细长者尤忌领口太大，否则会给人羸弱之感。

不系领带配穿西装时，衬衫领口处的一粒纽扣绝对不能扣上，而门襟上的纽扣则必须全部扣上，否则就会显得过于随便和缺乏修养。

配穿西装时，衬衫的下摆忌在裤腰之外，这样会给人不伦不类的感觉；反之，则会使人更显得精神抖擞、充满自信。

应尽量选穿曲下摆式样的衬衫，既便于下摆掖进裤腰内，又使穿着舒适，腰臀部位平服美观。

外穿型衬衫忌穿在任何外套里面（尤其是西装），避免给人以臃肿、不和谐的感觉。

3. 礼服

大礼服，也称燕尾服，西式晚礼服的一种。深色高级衣料制成，前身较短，身后较长而下端分开像燕子尾巴，翻领上镶缎面，裤腿外侧有丝带，通常系白色领结，配黑色皮鞋，黑丝袜，戴白手套。

晨礼服。通常上装为灰色或黑色，后摆为圆尾形，下装为深灰色黑条裤。戴黑礼帽，系灰领带，穿黑色皮鞋。参加规格较高的各种典礼、婚礼时穿用。

三、女士着装礼仪

任何一位女性如果以为目前市面上流行的热门的服饰都能适合你的话，那就实在是犯了一个不可原谅的错误。一个会打扮自己的人，首先必须较明智、客观地认识自己的体型、面貌，并利用衣着来突出优美之处，尽量将缺陷减弱到最低点。在这里我们介绍一些掩饰身材缺憾的方法。但首先我们要记住以下三点最基本的原则：①衣服穿得太紧就会暴露出不美之处；②深颜色具有"收缩感"，而浅颜色有"膨胀"的感觉；③水平线具有极强的吸引目光的力量，要尽量避免让它出现在身体不够健美的部位上。

1. 量体"选"衣

个子矮的人（胖、瘦皆同），可利用衣着创出高度，单一颜色的衣服可以使身体有"变高"的感觉。选择与衣服同色的裤、袜，直条纹的衣料、直褶等都有增高的作用。但要避免大花布或格子衣料，它们会使人显得更矮、更胖。

高瘦型的女性，选择色彩鲜明的印花、格子布，不但能够衬托容姿，还会减低身高。同样穿上长及足踝的裙子，横间条的衣服，就会由于视觉上的感觉使人看起来丰满一些。如果穿件颜色鲜明的上装（如白色、米色），配条阔裙，腰际系上一条腰带，就会使身材有"变矮"的感觉。

对于较瘦的人来说，厚粗的布料容易给人"胖"的感觉。另外，宽大的领子、灯笼袖、上衣塞入裙子里面，系腰带，长及小腿肚的马靴等装扮也会弥补一些遗憾。但注意不要从头到脚都穿深颜色的服装。

个子高但略胖的人，最好挑选一色或色调差不多的面料，款式要尽量简洁、清雅。衣服不要做得太紧，宜选直条纹的料子，要避免会使人显得更胖的大花或格子布料。另外衣服的线条款式也能起到补救缺点的效果，如 V 字形领子、长背心、宽长的衣袖、把上衣放在裙子外，都会产生高瘦的效果。

颈短的人，应穿敞领、翻领或低领的上衣。头发留成较短的发型，会使脖子有所增长。最好避免穿戴高衣领或紧围在脖子上的项链，忌留直的或卷的长发，它们会使脖子显得更短。

颈粗者可以梳成长而松软的发型，戴长珠子项链，衣领宜做成中式或高而紧的式样，夏天宜穿窄而深的领口。短发和圆勺形领口，紧围在脖子的项链，对这类人都不太适合。

手臂显得较长的人，不要穿瘦长的袖子以及任何袖口边太短的袖子，应该选择短而宽、盒子式袖子的衣服。

　　手臂较短的人，忌穿很宽的袖口边，一般衣服的袖长为通常袖长的3/4即可，或者将袖子卷起来。

　　"V"形体形的女子，上身浑厚，胸部过分丰满，肩胛宽，胳膊粗，相形之下，臀部和大腿略嫌瘦削。这种体形的女子，挑选衣裙时，要避免将别人的注意力集中到上身，如羊毛衫前胸不宜绣花，衬衫前胸不宜装贴袋。挑选连衣裙时，不宜挑选大摊领、蓬蓬袖等一类的款式，因为大摊领会使胸部更加突出，蓬蓬袖会使肩胛更显得宽厚。而不妨试一试上身穿一件深色的领角衬衫，衬衫领要做得尖而窄，下身着淡色的细褶裙子，这样，会给人以一种比例协调、潇洒怡人的感觉。

　　"∧"形体形的女子，重量集中在腰部以下，臀部宽大，腹部突出，大腿粗壮，相形之下，上身显得单薄瘦削。如果上身选穿紧身短夹克衫，下身配以宽阔的横条裙子，就会更加突出腹部和臀部的弱点。应该把重点放在上身，例如选择一条质地柔软、线条柔和、色彩纯实的长摆裙或喇叭裙，配淡色的宽松的蓬蓬袖丝绸衬衫，并用一根窄窄的皮带扣住。这样就会给人焕然一新的感觉，显得体态匀称、风度翩翩。

　　"口"形体型的女子，上下平直，腰身粗壮，缺乏线条感，怎样才能给人以一种纤细修长，线条起伏的感觉呢？最重要的是避免直筒腰身的弱点。可以选用色彩对比强烈的线条面料做衬衫，配以一条深色牛仔裤，再束上一根宽宽的黑皮带就会消除没有腰身的感觉，显得轻松、洒脱。

2. 穿戴得体

"我们生活不是为了穿戴，我们穿戴是为了生活。"这是唯美女子对于时装所遵循的原则。正是在这个原则之下，关于服装的风格，关于服装流行的趋势，她们如数家珍。在现代，对待时髦穿戴的一些陈腐观念应当统统塞进衣柜最冷寂的角落里，要习惯于一切新的观念，要按照我们周遭环境的现实，按照我们的社会生活去实践这个观念。

一套整洁得体的服装能表明它的主人具有较高的审美能力。要打扮得有韵味而又不藏衣满柜是可以办到的。不必去赶时髦，购买衣服时，最好要多加考虑。你最急需的是什么，平时常穿用的是什么。

买多少衣服不能凭你存折上有多少存款，而首先要看你的生活习惯和生活方式。买什么样的衣服，则要看你最有兴趣在哪儿度过业余时间，是骑摩托车还是到田径场，是在剧院、音乐厅还是在电影院、俱乐部。选择衣服要根据各人的审美观，根据体型、年龄、经济状况和社会地位而定。必须时时约束自己，不轻率地买这买那，总得盘算盘算：新式衣服在款式、质料、色泽方面跟自己现在的物品是否匹配，能不能穿着它再配上别的东西，穿起来是否得体。

女性，尤其是年轻的姑娘，常常在穿戴的时髦款式上特别敏锐，她们总是在积极地追随潮流。裙子和上衣这几年流行短的，过几年又流行起长的来。腰身有时紧束，有时宽大。色泽和质料比起男装来更是五花八门，就连各式各样时髦的装饰品也都迎合女性。穿戴最重要的原则是应当符合一个人的特点，其次，是要有几件体面的，经过认真挑选的东西。这比买一些便宜货要好得多，也有益得多。

但不管在什么场合，穿戴都要得体。

3. 办公室里的正确着装

"白领丽人"的着装既不能打扮得像时装模特儿，又不能穿得粗俗乏味。她们的着装应显示出高雅的气质和深沉的内涵，给人以稳重、负责、精干的感觉；同时不失女性应有的温柔、妩媚和隽秀，所以在选择服装时应注意三忌。

一忌过分赶时髦。款式标新立异，给人以轻佻、浮华、不踏实的印象。

二忌过分女性化。有些女性重打扮，喜欢穿戴豪华饰物。而工作场所非社交场所，更不是宾馆、剧院、酒吧和舞厅，这样做会给工作带来不便。

三忌过分艳丽。色彩鲜艳夺目、色调对比强烈会干扰人的视线，容易使人眼花缭乱，无法集中精力进行工作，影响他人和自己的工作效率。

那么白领的衣着怎样才算雅而不俗，丽而不妖呢？最为经典的观点以西式套装最为适宜，两件套、三件套均可。体形丰满或稍胖者，可着前开单襟无领低胸短上衣，宽肩加垫、紧袖。衣料颜色略深为好。身材略瘦者，可穿双襟、翻领或围式立领外衣，颜色宜淡，图案稍加变化。一般在夏季穿 A 字裙、直裙、褶裙均可，其他三季可穿西裤，以毛涤、毛麻、涤麻混纺为佳。但也不必天天如此，令人乏味，可以从以下几个方面加以调配。

（1）宽腿长裤。选购宽腿长裤秘诀：

①色彩。没有一定之规，但除非你想营造特别气氛，否则慎用桃红、青绿等鲜艳色彩。办公室里最庄重的色彩是黑、灰、米等中性色系，这些色彩不仅优雅大方，而且很容易搭配。

②材质。宽腿长裤强调的是干练与飘逸兼备的气质，所以一定

要选择垂感强的材质，呢子、羊毛及加入莱卡的棉布等都是不错的选择。另外，要注意千万别购买那些廉价的货色，一条好的宽腿长裤在充分表现你的品位之余，是可以多穿几年的。

③花形。由于宽腿长裤是以大面积出现，因此对那些花形漂亮，但却容易造成视觉上散乱的面料只能忍痛割爱。如果你实在喜欢花纹的话，只能选择细条子、暗花等式样。不过，最保险的方法还是选择素色面料。

穿着宽腿长裤应注意：长度最好盖过鞋面，拉长腿部的长度，形成小 A 字形，绝对让你瞬间增高；购买时注意腰臀部的设计，选择贴身性好的，可以掩盖臀部大的缺点，形成 A 字顺畅线条。同样，两侧和后面的口袋都没有必要，能免则免。

（2）黑色服装。黑色不失为各种颜色最佳的搭配色。对于明艳的人，穿上黑色的衣服，会更光艳照人。

化妆方面：穿着黑色服装是最需要强调化妆的，因为黑色把所有的光彩都吸收掉，如果脸的化妆太淡，那将给人一种沉闷的感觉。使用化妆品时，粉底宜用较深的红色，胭脂用暗红色，眼影可以随意选用任何颜色（如蓝、绿、咖啡、银色等），注意眼睛需用充分的立体明亮感化妆，而口红宜用枣红色或豆沙红，指甲油则用大红色。粉红色的口红与黑衣服互相冲突，看起来不协调，应该避免。脸色苍白者，在穿黑色服装时，特别会显得憔悴，所以不化妆而着黑色衣服，很可能产生一种病容，因此更需注意化妆的技巧。

（3）蓝色服装。蓝色是寒色，切勿将深蓝与深绿互相搭配，即使浅绿也不适宜。蓝色与紫蓝色倒可以互相配合穿着，如果是小碎花图案，这两种颜色更可以产生水乳交融的效果。

化妆方面：粉底宜用粉红色系，眼影宜用蓝色，眉笔宜用咖啡色，胭脂宜用玫瑰红色，唇膏可用稍暗的珊瑚色，指甲油则用比唇膏稍浅的同系色。

（4）白色服装。白色象征纯洁、神圣、明快、清洁与和平，最能表现一个人高贵的气质，而在夏季，穿着一身白色的服装，将比深色服装更凉爽。

化妆方面：当你穿着白色服装时，应该采用深色的粉底来打底，使肤色不致因为服装的白色调而显得过分苍白。夜晚穿白色衣服时，化妆要比穿别类颜色衣服时稍淡一点，以免在灯光下，脸色显得太暗，而与白色衣服造成强烈对比，反而不美。眼部的化妆应强调立体感，否则在白色服装的反衬上，眼部的化妆是平面的，将更显得无精打采，可以画上眼线和涂上眼膏来强调眼部的神韵。唇膏宜选用鲜红色、枣红色或橘红色等较深的颜色，不宜用浅粉红或浅橘黄的口红，否则在白色服装的陪衬之下，会产生贫血似的苍白之感。同样的，胭脂的颜色也要比一般较深才好。指甲油的颜色也不宜擦银白或太浅淡的。眉毛不要画得太浓，过浓的眉毛应酌量地拔去一点，才不致破坏整体美。

（5）红色服装。红色象征着温暖、热情与兴奋，淡红色可作为春季的颜色。

化妆方面：脸部的底色最忌泛黄，所以可以用粉红色的粉底打底。眼膏用灰色，眉笔用黑色，胭脂可用玫瑰色，唇膏和指甲油则用深玫瑰色。脸色苍白的人，穿了红色的衣服，可以沾点光，使气色看起来稍微红润一些，胭脂打得稀薄一些无妨。

而皮肤黝黑的人，就必须多刷上一些粉红色的胭脂，才能与红色衣服相衬。

（6）绿色服装。绿色象征自然、成长、清新、宁静、安全和希

望,是一种娇艳的色彩,使人联想到自然界的植物。买绿裙、绿裤时,亦不可忘了配上一件白色的上衣外套。

化妆方面:穿着绿色系服装时,粉底宜用黄色系,粉用粉底色或比粉底稍浅的同系色。眼膏宜用深绿色或淡绿色(随服装色彩的深浅而定),眉笔宜用深咖啡色,胭脂宜用橙色(带黄的红色),唇膏及指甲油也以橙色为主。

最后要注意套装的选购重点在于肩与袖子的剪裁上,购买时一定要试穿,直到找出适合自己体形的样式才行;笔直站立,外套肩幅需要与双肩宽度吻合;坐下来时,裙长拉高至膝上10厘米为宜。

四、服装配件的礼节

服装的主要配件,除了领带和鞋袜以外,还有帽子与手套。

1. 帽子

帽子既有实用功能又有审美装饰功能,同时还能作为一种礼仪的象征。一项合适的帽子,加上得体的戴法,能够衬托出一个人的身份、地位和修养,也能掩盖不尽如人意的脸型或头型的缺陷。国外参加正式的仪式一般都要戴帽。穿礼服须戴黑帽子,穿毛料西服应戴礼帽或前进帽,参加正式宴会穿晚礼服时,绝不能戴帽子。在社交场合,男士用脱帽向对方表示敬意,并辅以微微的点头。在庄重严肃的场合,如参加重要的集会、升旗仪式时,除军人可以戴帽行军礼外,其他戴帽的人应一律脱帽以示敬重。在悲伤的场合,如在追悼会、殡葬仪式上向遗体告别时都应脱帽。

根据服饰礼仪要求,女士在参加正式的仪式时,要戴上与自己服装相般配的帽子。帽子既可正戴也可斜戴,不同的戴法会产生不同的视觉效果和礼仪效应。正戴显得庄重、正派,斜戴则显得活泼、妩媚;正戴可使脸型更加丰满、端庄,斜戴则显得清瘦、俏皮。但切不可把帽檐拉得太低,那样会使人显得忧郁。公务活动中(如上班、洽谈生意),通常在室内不宜戴帽子,尤其不宜戴装饰性过强的帽子;在社交活动中,按"女士优先"的原则在室内允许女士戴帽子,但在对长者表示敬意时或在看演出时,应把帽子暂时摘下来。

2. 手套

手套不仅有防晒、御寒的功能,而且有极其重要的装饰作用。在西方,被称作"手的时装"。选戴手套要与年龄、身材、气质相协调,与整体装束相一致。如老成持重的人适合戴深色手套;年轻活泼的人,适合戴浅色或彩色手套。女士穿西装套裙或夏令时装时选戴装饰手套(网眼手套),新娘着白礼服则选戴薄纱手套,以示纯洁与神圣。在社交场合,不论男女是必须戴手套的,只是男士在与人握手和进入室内时应摘去手套,以示礼貌;女士则可不脱手套。但在饮茶或吃东西时,要把手套摘下来,并和手袋一起放在椅子背侧或膝部。

五、饰品佩戴的礼节

1. 眼镜

眼镜不仅用来矫正视力、保护眼睛,而且具有很强的装饰性。选戴得当,能使人平添几分儒雅风度。眼镜有近视镜(包括隐形眼镜)、平光镜和太阳镜(墨镜)之分。但不管选择哪种眼镜,都要根据自己的脸型、年龄、肤色、鼻型来选择,近视眼患者还要根据自己的近视度来选配。不能只顾时髦,盲目佩戴。在社交场合也要讲究戴眼镜的礼节:要注意保洁,经常用专用镜布清洁眼镜,不让镜片上有斑点或灰尘。进入室内或在室外进行礼仪活动时,应摘下墨镜。

2. 首饰

首饰泛指宝石、戒指、耳环、项链及其挂件、手镯、手链、足链、胸针等饰物,它是服装美感的一种延伸。穿一套美观、新颖、得体

的服装，如果再适当佩戴符合身份、雅而不俗的项链、耳环，便会锦上添花，倍增风采。首饰是一种无声的语言，能在一定程度上体现佩戴者的阅历、教养和审美情趣；也是一种有意的暗示，人们可以借此了解佩戴者的身份、财富和婚恋信息。因此，在社交场合，人们选用和佩戴首饰，要注意选用规则和佩戴礼节，遵守以少为佳、同质同色、符合身份和传统习俗的原则。

（1）戒指。戒指通常应戴在左手。戒指戴在不同的手指上所传递的语意是不同的。戒指戴在食指上表示无偶而有寻求恋爱对象或求婚的意向；戴在中指上表示正在恋爱之中；戴在无名指上，表示名花有主，佩戴者业已订婚或结婚；而戴在小指上，则暗示自己是位独身主义者，将终身不嫁（娶）；拇指通常不戴戒指。修女的戒指则戴在右手无名指上，意味着她已把爱献给了上帝。戴白纱手套时戴戒指，应戴于其内，只有新娘不受此限制。钻戒是最正规的结婚戒指，它不能用合金制造，必须用纯金、白金或银制成，再镶以贵重的钻石，以表示爱情的纯洁珍贵。戒指的粗细应与手指的粗细成正比。戴戒指还要与年龄相适应，如少女可以不戴，也可以选择小巧玲珑的非镶嵌类款式，如星月戒、如意戒、闪光戒等。已婚的青年妇女可以选戴珠宝镶嵌戒，也可以选择龙凤戒、桃形戒等寓意已婚的戒指。中老年妇女推崇端庄、稳重、吉祥，戴素圈戒、福字戒比较合适。

在社交场合，男士一般右手无名指戴结婚戒或左手小指戴图章戒。

（2）手镯与手链。戴手镯与手链的规矩相似。一般已婚者戴在左手腕或左右两手腕同时佩戴；如仅在右手腕佩戴，表示自己是自由不羁的人。值得注意的是，一般情况下，男女士均可戴手链，但仅戴一条，且戴在左手腕上。在一只手上戴多条手链，或双手同时戴手链，手链与手镯同时佩戴，都是不适宜的。手镯、手链也不能与手表同戴于一只手上。如果手腕、手臂不太漂亮，则要慎戴手镯与手链，不然反而暴露自己的短处。

（3）项链。佩戴项链有悠久的历史，考古发现山顶洞人的遗物中，就有用动物牙齿和贝壳经染色串成链状的化石。项链男女均可佩戴，但仅限一条，且男士所戴的项链一般不外露。戴项链应考虑脖子的长短、粗细，因人而异。如脖子粗短则宜戴长而细的款式，脖子细长则应戴短而粗的款式。

（4）耳环。一般要成对佩戴。耳环的选用与佩戴要与自己的脸型相协调。根据视错觉原理，人的视线左右移动时，会产生宽度感；而视线做上下移动时，会有纵长感。因此，长脸形宜佩戴浅色的大耳环、贴耳式耳环、短坠耳环，有利于人们对长脸形印象的改变，因为浅色在人的色彩心里感觉上有扩张感。而圆脸形则宜佩戴有坠耳环，可以利用耳环的垂挂所形成的纵长度，使圆脸的外轮廓有所改变。

3. 手表、钢笔与皮包

手表被称为男人的首饰，在西方世界，手表、钢笔与打火机曾一度被称为成年男子的"三件宝"，并被看作是身份的象征。在公务和社交活动中，男士戴的手表，虽不一定是名牌，但要做工精、走时准、造型庄重，避免怪异、新潮或广告表、卡通表。

钢笔似乎显示一个人的身份和尊严，尽管笔的种类繁多，但男士对传统钢笔依然难舍。

皮包不仅有实用功能，而且有装饰作用，使男女士平添几分风韵。女士皮包有肩挂式、手拿式、手提式、双肩背式等。但不论提着、挎着、握着都要注意端庄、大方。如手提包应套在手上，不应拎在手里摆

来摆去。在社交场合还是选用肩挂式为宜。皮包的颜色要与自己的服装和所处的场合气氛相协调,皮包大小也要与自己的体型相协调。男士的公文包以深褐色和棕色为宜,不宜用黑色和灰色的。公文包中要准备钢笔、记事本或散页纸、电话本、计算器,但也不能塞得鼓鼓囊囊。

改掉说话时的一些小毛病

如果一个人的脸上长有疤痕,可以使用化妆品或药品加以治疗弥补。同样,谈吐方面的缺陷也可以改变,只要治疗之前,自己能够清醒地认识到自己的这些缺陷。如果不清楚自己说话的缺陷,也可以试着拿一面镜子对照自己说话的姿态:是否手势过多,是否翘起嘴角,是否表情难看,是否过于冷漠、紧张、僵硬,是否强抑声调……

以下几点是我们说话中常有的缺陷,我们可以对照检查并加以改正。

一、说话用鼻音

用鼻音说话是一种常见且影响极坏的缺点,当你使用鼻腔说话时,就会发出鼻音。如果你用大拇指和食指捏住鼻子,你所发出的声音就是一种鼻音。如果你说话时嘴巴张得不够,声音也会从鼻腔而出。在电影里,鼻音是一种表演技巧,如果演员扮演的是一种喜欢抱怨、脾气不好的角色,他们往往爱用鼻音说话。如果你期望自己在他人面前具有极大的说服力,那么你最好不要使用鼻音,而应使用胸腔发音。正确的方法是,平时说话时,上下齿之间最好保持半寸的距离。

二、声音过尖

一个人受到惊吓或大发脾气时,往往会提高嗓门,发出刺耳的尖叫。一般女性犯此错误居多,要多加注意。因为尖锐的声音比沉重的鼻音更加难听。你可以用镜子检查自己有无这些缺点:脖子是否感到紧张,血管和肌肉是否像绳索一样凸出,下颚附近的肌肉是否看起来明显紧张。如果出现上述情形,你可能会发出刺耳的尖声。这时你就要当机立断,尽快让自己松弛下来,同时压低自己的嗓门。

三、结巴

结巴是口吃的通称。结巴对于极个别的人来说是一种习惯性的语言缺陷,是一种病态反应,他们也被称为口吃患者。口吃就是说话时字音重复或词句中断的现象,要想治愈说话结巴的毛病,除药物治疗外,更重要的是去除心理障碍。日本前首相田中角荣少年时代就是口吃患者,为了克服这个缺陷,他常常朗诵课文,为了发音准确,就对着镜子纠正嘴形,后来他成了一个著名的政治家、演说家。有口吃的人不妨试一试这个方法,坚持朗读文章,只要坚持不懈并保持良好的心态,相信一定会产生好的效果。

四、毛手毛脚

毛手毛脚,意即说话时动作过于频繁。可以检查一下自己,是否在说话时不断出现以下动作:坐立不安、蹙眉、扬眉、歪嘴、拉耳朵、摸下巴、搔头皮、转动铅笔、拉领带、弄指头、摇腿等,这都是一些影响你说话效果的不良因素。当你说话时,动作过于频繁,听者就会被你的这些动作所吸引,根本不可能认真听你讲话。

五、改掉口头禅

日常生活中,人们听到这样的口头禅,如"那个"、"你知道不"、

"是不是"、"对不对"、"嗯"等。如果一个人在说话中反复不断地使用这些词语,一定会损失自己说话的形象。口头禅的种类繁多,即使是一些伟大的政治家在电视访谈中也会出现这种毛病。

谈话中"啊"、"呃"等声音过多,也是一种口头禅的表现,一个著名演说家说:"切勿在谈话中散布那些可怕的'呃'音。"如果你有录音机,不妨将自己打电话时的声音录下来,听听自己是否有这一毛病。一旦弄清了自己的毛病,那么以后在与人讲话的过程中就要时时提醒自己注意这一点。

下面介绍几种克服口头禅的方法以供参考。

1. 默讲

出现口头禅的原因之一,是对所讲的内容不熟悉,讲了上句,忘了下句,说口头禅是为了获得一点思考的时间,以便想起下句话。事前默讲几遍,对内容、措辞十分熟悉,正式讲话时就能减少或不出现口头禅了。

2. 朗读

克服口头禅的朗读法,就是将自己的口语,从不清楚变为清楚、流利的语言。如果内部语言流畅贯通,就不会出现口头禅。出声朗读老舍、叶圣陶等语言大师的作品,有助于用规范的语言来改善自己不规范的语言。

3. 耳听

广播员、演员的语言一般都较为规范,没有口头禅。平时听广播、看电影时,可边听边轻声跟着说。久而久之,你会惊喜地发现自己的口语精练了,口头禅少了,连普通话水平也提高了。

4. 练习

听听自己的讲话录音,会对自己讲话中的口头禅深恶痛绝。这样,往往能使自己讲话时变得警惕，口头禅也会随之变少。

5. 慢语

在一段时间内，尽量讲慢些，养成从容不迫的思维和说话的习惯，一句句想，一句句说，对克服口头禅有很好的效果。

避免错误的肢体语言

很多人在和别人的交流中存在着各种各样的肢体语言。但错误的肢体语言会影响交谈者的形象，不准确的肢体语言会让别人感到不舒服，让听者失去交流的兴趣。

一、逃避眼神的接触

有的人在和别人的交流中，自己的眼神总是盯着一个方向，更有甚者，眼睛老是盯着天花板。其实眼睛是心灵的窗户，通过一个人的眼神，往往可以看到他的喜怒哀乐，所以在与别人交流时应该用80%～90%的时间看着对方的眼睛。如果你将绝大多数的时间花在了看笔记、幻灯片或身前的桌子上面，那么请纠正这个不良的习惯。

二、坐立不安，来回摇晃

有的人在大庭广众之中会显得很拘谨，有点坐立不安的感觉，还有的人在演讲时习惯于来回摇晃自己的身体，这都是他们心情紧张的缘故。这时关键是如何调整自己的心情，适应临时的环境与氛围，用自信去和别人交流沟通。

三、没精打采，委靡不振

在和别人交谈或者在演讲的过程中，一个人的精神面貌尤为重

要。如果一个人精神抖擞、意气风发，就会给人一种耳目一新的感觉；相反，如果一个人精神不佳、委靡不振，演讲或谈话的氛围就显得尴尬。

四、动作做作，让人尴尬

有的人在使用手势时，显得总是很不自然，给别人一种做作的感觉。手势往往能够反映一个人的思想与表情，让听众能从手势中察觉到你的信心、能力与控制力。如果手势不当，会引起别人的误解，有时甚至会被认为这是不友好的表现。

从小细节入手，拉近彼此之间的距离

当今社会，拥有一个良好的人际关系网对一个人的成功来说非常重要，而且现在越来越多的人也逐渐认识到这一点：人缘好的人更易成功。那么怎样才能博得大家的欢迎呢？方法很多，但是有一点值得注意，那就是从小事入手，因为这更容易拉近彼此之间的距离。

吉姆·法里刚刚10岁的时候，他的父亲不幸被自家的马踢死了。为了家庭生计，他被迫到一个砖场去做运沙的工作，并把沙倒入砖模后在太阳下晒干。

贫寒的家境，法里从未进过一所中学，但到他46岁时，他已经被4所学院授予过荣誉学位，并成为美国邮政总局局长、民主党全国委员会主席。

他获得成功的最大秘诀，就是有一种记住别人名字的惊人能力。据他自己说，他能叫出多达50000人的名字。而正是这项能力，使他一步步走向成功。

第三章 小形象塑造大魅力

刚开始时，法里用的只是一个非常简单的方法：每次新认识一个人，就问清楚他的全名、他家的人口、干什么行业以及这个人的政治观点。他把这些资料全部记在脑海里，当第二次又碰到那个人的时候，即使是在长达一年之后，他还是有办法拍拍对方的肩膀，询问起他的太太和孩子，以及他家花园的那些蜀葵的状况。

在罗斯福竞选总统的活动展开之前的几个月，法里每天都要写好几百封信，给遍布西部和北部各州的人们。然后，他在19天内走遍了20个州，行程一万两千里，以马车、火车、汽车和轻舟代步。每到一个市镇，他就和他新认识的人一起共进早餐午餐、喝茶或吃晚饭，跟他们做一番"肺腑之言的谈话"。接着，又继续他的下一站。

他一回到东部，就写信给每一个他到过的市镇，索取一份所有和他谈过话的人的名单。随后，他把这些名单整理出来，就成了成千上万的名字了。名单上的每一个人，都收到了一封法里的亲笔私函。那些信都是以"亲爱的比尔"或"亲爱的佐拉"做开头，结果也总有一个签名"吉姆"。

法里在早年就发现，一般人对自己的名字，比对地球上所有名字加起来还要感兴趣。事实确实如此。正是由于发现了这个小小的秘密，才使得他取得了如此巨大的成功。

其实，每个人对自己的名字都是非常重视的，在与人交往中，如果你能喊出他的名字，那自然而然你们之间的距离就缩短了，也似乎亲近了很多，在谈起事情来就不会是那么陌生，谈话氛围也就融洽很多。记住对方名字这件不起眼的小事真的可以给你很大的帮助。

长得美不如气质美

你可以不美,但不能没有气质。气质固然和先天有一定关系,但更多来源于后天不断的积累和修炼。

气质于人,就像胸腹间的一股气,看不到摸不着,却决定着留给别人的印象。每个人都具有练就超凡气质的潜质,只要精心打造,定能让自己气度非凡,在社交中更加自信自如。

有人说,一个人不会因美丽而可爱,却会因可爱而美丽。而气质,就是让你更加可爱,从而更加美丽的法宝。

一、气质比美貌更重要

美丽人人向往,但有时却无法控制,而气质却可以主动培养。通过修炼气质来改变自己的人,比用服装和化妆来美化自己的人,具备更高一层的追求和境界。前者使人愈加充实,后者让人越来越空虚。当然,如果能把二者结合起来,那就太完美了。

气质最主要的特点是由内而外,它的培养是一个漫长的过程,它能让人从内而外散发出一种魅力,给人一种舒适、美丽、忍不住想接近的感觉。人们往往根据你的气质来决定对你的态度。

1. 气质比美貌更持久

容貌如花,总有凋零的时候,而气质的风采却能与日俱增。一个优雅的人,哪怕她白发苍苍,也是美丽的。外在的东西只能吸引别人一时,如果华而不实,那只会让人轻薄,而不会让人尊重,而且,没有根基的美丽毕竟短暂,而社交和做人却是一辈子的事,所以,努力提升自身气质,其实是增加社交魅力,赢得朋友的最好秘诀。

一般来说,人们都不喜欢"虚有其表"的人,而有的人虽然貌不惊人，但因为有气质、有魅力，所以受到了很多人的尊重与爱戴。而且，这种感情不会因他们美貌的流逝而改变。

美貌来自天生，气质却可以终身修炼。美貌最怕的是时间，而时间恰恰是气质最好的朋友。正如影星张曼玉所说："真正的美女是时光雕刻而成的。"其实，男人又何尝不是呢？

美国总统林肯相貌丑陋，但良好的气质却大大弥补了他这一先天不足。由于他口才一流、善良正直，所以随着岁月的流逝，他的魅力反而越来越大。人们后来注意的只是他那不凡的魅力和得体的举止，而不再是那张看起来有些丑陋的脸。

从短期看，也许美貌能让人眼前一亮；但从长期看，只有气质才能打动人心。

2. 气质比美貌更真实

美丽可以天生，可以打扮，可以化妆，甚至可以整容等，但气质不可以。它无法虚假，它必须是真实的东西。它是纯粹而自然的魅力，不由外在因素决定。一个高贵的人，哪怕穿着粗布衣衫，也必是让人不敢小觑的。这就是气质的魅力。

世界名著《小公主》中的主人公莎拉就是一个用气质征服命运和周围人的典型。莎拉原本出身富裕，是寄宿学校里集万千宠爱于一身的小公主，锦衣玉食、无忧无虑，周围人都围着她转、捧着她。然而，当父亲突然去世后，莎拉的生活就一下子从上层掉到底层，从小公主变成了小女佣。可困境中，她依然保持善良、乐观的高贵品质，虽衣衫褴褛却依然自尊自爱，赢得了所有人的真心尊重。她在各种荣辱面前表现出从容优雅、镇定无惧的气质，感染了周围的人。

第二章 小形象塑造大魅力

事实证明,莎拉的高贵来自气质,而非外在的美貌、服饰、地位等。外表美无法长久,也不能过于修饰,否则会让人觉得虚假;而内在气质却可以无限保持和提升,使之更加完美。大多数人都认为,相比起外貌,气质更能成为一个人的评价标准。

一个幼儿园招聘幼儿教师,许多年轻靓丽的女孩子赶来应聘。但园长最后留下的,却是一个普普通通、亲切温和的纯净的邻家女孩。原来,这个女孩在面试过程中表现出的耐心、善良和爱心等气质,深深打动了园长,他觉得,相比起那些花枝招展,但动辄焦躁、乱发脾气的女孩,她更有希望成为一名优秀的幼儿教师。

3. 气质比美貌更有力量

社交中,气质可以收服人心,它比美丽更有力、更可贵。

社会上气质好的人,总会被大家喜爱、尊敬和推崇,它比美貌更能引起别人的倾慕,在爱情中尤其如此。

中国提倡郎才女貌,有才的"郎"必然具有一定气质,这样才能吸引到优秀的女性,相比而言,是否长得很帅并不是最重要的。所以说,气质的力量比外表的美丽要大得多。

一个美丽的人可能让人产生短暂的生理反应,但一个气质超群的人却可以赢得别人持久的尊重。也许美貌可以在一瞬间吸引你的目光,但让你的眼睛最终停留的,一定是那个富有气质的人。

4. 气质比美貌更深刻

气质是以文化修养、文明程度、思想品德为基础的,同时还体现了对待生活的态度。如果一个人徒有其表,那只会让人鄙视,甚至轻薄和嘲讽。没有内涵的美丽很难长久吸引别人。

气质一般与智慧连在一起。有些人虽长相平平，甚至有些难看，但因为才华横溢、知识丰富，所以在社交场合也会受到人们的青睐。

> 勃朗宁第一次见到诗人芭莱特时，只见她"孱弱而瘦小，娇怯怯的身躯疲倦地蜷伏在沙发上，由于身体残疾，她连欠身让座都做不到"。可是，就是她的才华深深打动了勃朗特。那些凝结着她全部知识与智慧的动人诗篇，让勃朗宁几近疯狂，所以风度翩翩的他不怕碰壁，一次又一次地向她求爱，最终让她成为勃朗宁夫人。

勃朗宁没有因为芭莱特貌不惊人而小觑她，相反他从她的诗歌里读到了一颗智慧美丽的心。如果说美貌是眼睛的目标，那芭莱特的诗人气质却穿透了他的眼睛，深深刻到了他的心里。

所以，要想拥有动人的气质，我们应努力加强自身的知识修养，过一段时间你就会发现，这实在是增加自己社交魅力的有效方法。

当然，我们不是说气质和美貌是对立的，二者能统一是最完美的选择。如果你天生貌佳，那么不应沾沾自喜，而应通过修炼气质，让自己的美貌更加珍贵；即使你其貌不扬，也不必嗟叹，因为世人真正看重的，其实还是一个人的气质。只要努力提升自身修养，你也可以是一个迷人的人。

二、气质女人必做的四件事

现代社会，女性已经和男性一样，纵横驰骋，独撑半边天。社交中，如果能修炼出自己独特的气质,那必能在和别人的交往过程中，

更加快乐而自信。

1. 要高贵

高贵不一定非得是出身显贵或者豪门，而是指心态高贵。放荡轻浮、猥琐狭隘的女人永远不会受到社会的欢迎。一个高贵的女人，必须不媚俗、不盲从、不浮华，独立而不失天真，这样，她才会周身散发出一种与众不同的高贵气质，让别人信任她、喜欢她、乐于帮助她。

高贵的女人，也必定是善良、体贴的。一个冷漠、自私的女人，无论外表多么光鲜，内心也无法称得上高贵。一大学校长曾说过："只为自己设想的人，是最没教养的人。即使他接受过高等教育，也终究是个没有涵养的人。"

2. 要温柔

温柔增添了女人的味道，能让和她交往的人感受到一种心灵的温暖。温柔如水，看似柔弱却能穿石。任他百炼钢，也终化绕指柔。社交中，适当的温柔可让人感到你的善意和温情，这样的人又有谁忍心拒绝和伤害呢？

有位作家说过："和一个温柔的女人在一起，这女人浑身散发出的温柔气息就像浸入体内的'毒素'，让人在不知不觉中深入下去。"所以，既然温柔是女人特有的天然武器，那么你就应该懂得适时利用它。

3. 要独立

独立既包括经济的独立，也包括心理的独立。心理学家认为，女人往往过于感性，让感情驾驭理智，这是阻碍女人发展的致命弱点。而知道自己想要什么并能清醒地审视自己，这样的女人必会非常可爱。

有着独立气质的女子，不会张扬跋扈，不会诚惶诚恐，也不会工于心计、患得患失。她们既能坦然吃下燕窝，也能嚼得菜根、窝头，不会让自己成为别人的负担。

4. 要有情趣

著名美学家朱光潜说过："人可以分为两种，一种是情趣丰富的，对许多事物都觉得有趣味。一种是情趣干枯的，对于许多事物都觉得没有趣味，也不去寻求趣味，只终日拼命和蝇蛆在一块儿争温饱。后者是俗人，前者就是艺术家。"

一个有气质的女人，必定是充满情趣的。她热爱生活，懂得寻找快乐，不会让生命因为缺少情趣而变成一片荒漠。和她们交朋友，你会觉得非常开心。

三、气质男人必做的四件事

古往今来，容貌对男人都不是第一重要的，相反，气质和风度更能体现一个男人的内涵，也更能帮他赢得尊敬和地位。纵览许多社交成功的男士，大多都是很有气质和魅力的。

周总理是公认的气质男人，他的魅力不是单一、肤浅的，而是来自于整个生命。有个外国记者曾这样描述周总理："他是这样地富有魅力，这样地有教养，以致任何一个文明人，在他的面前都会感到自己只是个野蛮人……"就是凭着这股气质，周总理赢得了无数的支持和尊敬。

所以，一个男士应该努力修炼自己的气质，这样可让自己更加吸引人，社交之途也更加畅通无阻。

1. 请保持自信

怨天尤人的人注定不能成为气质男人。自信是男人的第二身份。

"富贵不能淫，威武不能屈，贫贱不能移"的人，才能可爱而充满魅力。一个无所事事、死气沉沉的人，不会有人觉得他帅的。自信表现在体态上，就是"站如松、坐如钟、行如风"，并保持微笑。一个步姿洒脱、意气风发、充满自信的男性，最能吸引别人。

2. 请注意整洁

邋里邋遢的男人，哪怕再帅、再有魅力，恐怕也不能称得上有气质。干净整洁不但能显出你对自己的自信，也能表现出你对别人的尊重。整洁是一种习惯，更是一种气质。不管是在生意场，还是交际会上，整洁都是一种地位标志，一种必要的修养。

3. 请礼貌一些

无论对上级、下级、还是同级，无论对女士、老人，还是小孩，多一些礼貌，不但不会让你有损形象，反而能让你收获更多的尊重。尤其是对不如自己的人，尊重他们只会反衬你的高尚人格。

一位富家公子开着奔驰跑得太快，不小心吓倒了一位收垃圾的老婆婆，让她的垃圾袋子散了一地。他马上下车，扶起老婆婆，并真诚地问她要不要紧，有没有受伤。当确认老婆婆无事后，他笑着挽起袖子，帮她收拾起地上的垃圾袋，周围人看了，都向这个礼貌善良的年轻人投来钦佩的目光。那一幅画面，显得特别温馨而美丽。

毫无疑问，这个小伙子称得上一位充满魅力的人。

4. 要信守承诺

男儿的承诺当如金，一旦出口驷马难追。如果不能办到就不应轻易许诺，一旦答应就要全力以赴。只有真正说到做到，才能塑造出一个顶天立地的坦荡形象，才能让人心生尊重和佩服。一个信守承诺的人，本身就成了一块诚信的金字招牌。

腹有诗书气自华

一个经常读书学习的人，他不仅是个知识渊博的人，而且一定是个有修养、有智慧的人。他的内在气质可以通过他的外在形象表现出来。

现代社会讲究终生学习，但多数人并不是在开始工作或创业时就能明白这一点的，书到用时方恨少的遗憾仍不断地令人难堪。一个人若想超越平凡、走向成功，没有博大精深的知识体系是不行的。

日本软件银行创始人孙正义在美国留学的时候学习十分刻苦，据说就连吃饭、上厕所甚至进澡盆都拿着课本或书，每天睡眠时间只有3～5小时。为了利用琐碎的时间学习，他在驾车时听上课时的录音，遇上红灯就会把书拿出来放在方向盘上看一眼。他23岁的时候得了病，整整住了两年的医院。在两年当中，他阅读了4000本书籍，平均一天阅读5本书籍。一出院，他就创立了自己的公司。

另一位超级富豪比尔·盖茨在爱好读书和学习方面与孙正义极其相似。

比尔·盖茨虽然没有读完大学，但9岁时就读完了一部百科全书，所以他精通天文、历史、地理等各类学科的知识，

可以说比尔·盖茨不仅是世界上金钱的巨富，而且也可以称得上是知识的巨富。曾经有一位自以为学识渊博的哈佛大学毕业生信心十足地来面试。

比尔·盖茨问："请问，你是哈佛大学毕业的吗？"

他说："是的，准老板，我是哈佛大学毕业的。"

"请问你很聪明吗？"

他说："我是以第一名的成绩毕业的，应该智商还不错。"

"那你今天是来应征微软公司的产品部经理吗？"

他说："是的，准老板，希望我能有机会为您服务！"

"请问你，你既然这么聪明的话，那亚马孙河有多长？"

那位高才生顿时傻了："亚马孙河？"

"答不出来是不是？"比尔·盖茨微微一笑说，"显然你不够聪明。"

比尔·盖茨建议那位高才生多读一些书再来面试。

有人说：中国现在有相当多的富豪是没有多高学历的，赚钱的关键之处在于人的智商、情商。但是读破万卷书是一个人事业成功的坚实基础，书中自有黄金屋是千年不变的真理。很多人轻视学习的深层原因是对自己不够自信，认为学习就是上学，就是接受教育。实际上教育与学习是两个层面上的事，不是所有的人都有机会接受良好的教育，但在信息时代，几乎每个人都有机会学习一切他想掌握的东西，而且多数人学习的潜力都很大。一美国心理学家认为一个普通人只运用了其能力的10%，还有90%的潜能可以挖掘。还有学者认为：如果我们迫使头脑开足一半马力，我们就会毫不费力地学会40种语言，把苏联百科全书从头到尾背下来，完成几十个大学的必修课程。我们可能没有机会接触到 40 种语言，没有时间看完任何一部百科全书，但是如果把同等的能力用在学习生活中的各种必备的知识上，那么我们同样可以成为一个让人羡慕的百事通，一部活的百科全书。

第三章 小形象塑造大魅力

第四章　小选择蕴藏大出路

什么样的选择决定什么样的生活

有三个人要被关进监狱三年,监狱长满足他们一人一个要求。美国人爱抽雪茄,要了三箱雪茄;法国人最爱浪漫,要一个美丽的女子相伴;而犹太人要了一部与外界沟通的电话。三年过后,第一个冲出来的是美国人,嘴里鼻孔里塞满了雪茄,大喊道:"给我火,给我火!"原来他忘了要打火机了。接着出来的是法国人,只见他手里抱着一个小孩子,美丽女子手里牵着一个小孩子,肚子里还怀着第三个。最后出来的是犹太人,他紧紧握住监狱长的手说:"这三年来我每天与外界联系,我的生意不但没有停顿,反而增长了2%,为了表示感谢,我送你一辆劳斯莱斯!"

这个故事告诉我们,什么样的选择决定什么样的生活。今天的生活是由多年前我们的选择决定的,而今天我们的选择将决定我们多年后的生活。我们要选择接触最新的信息,了解最新的趋势,从而更好地创造自己的未来。要知道,我们的人生只有三天:昨天、今天、明天。你的今天是你的昨天所决定的,你的明天将由你的今天来决定。

在我们生活的圈子里，我们总会发现，为什么有些人不管大事小事，总是比较容易获得成功。而更多的人忙忙碌碌，却只能维持生计。他们的差别究竟在哪里呢？不是智力上的差别，人在智力上是有差别，但是差别很小，智力超常和智力低下的都占极少数，不到3%；不是学历上的差别，学历只是对书本知识的一种认可，与成功没有直接关系。

有什么样的选择就会得到什么样的结果，有选择就有改变。每个人都有自己的缺点和优点，长处和短处。只有经过不断的学习和改变，才能使自己变成一个出色的、专业的人员。改变从自身开始，在改变的过程中，我们第一个要战胜的就是我们自己。改掉坏习惯，养成好习惯，这是一个至关重要的问题。

你想获得成功，你想拥有财富，你想和别人不一样，最重要的是什么？那就是要做出正确的选择。

正确选择比什么都重要

林肯说过这样一句话：所谓聪明的人，就在于他懂得如何选择。

正确选择，是把握人生命运的最伟大的力量。

正确选择比什么都重要，它可以改变一个人的一生。俗话说，男怕入错行，女怕嫁错郎。选择正确的道路，永远比跑得快更重要。选择就是给自己定位，选择就是给自己寻找前进的方向，选择就是自己把握命运，选择就是为自己的生命重新注入激情。对于人生中的选择，正如同选择钓鱼的池塘一样，选对池塘你就能钓上大鱼，选错池塘，不但有可能钓不到鱼，还会浪费宝贵的时间。

人的一生处在不断的选择之中。可以说，人生历程就是一个人

的选择历程。

任何人都逃避不了选择。人生的十字路口出现了无数次,因此我们也不得不无数次面对种种不同的选择:欢乐与痛苦、腐败与廉洁、成功与失败。因为选择,我们举棋不定,踌躇万分;因为选择,我们左右为难,优柔寡断。其实,我们只要做到审时度势,时刻保持着一种冷静泰然的状态,仔细聆听心灵的钟声,在每一个紧要的人生关口,我们都可以做到从容面对,并做出正确的选择。

选择决定了我们一生的成败和优劣。选择仿佛是我们的身影,仿佛是竖立在我们人生曲折道路上的一块块路标。有的路标严峻地出现在何去何从、前途未卜的十字路口上,这是人生决定性的时刻。决定性的时刻需要正确的、不可回避的、勇敢的选择,因为我们所做的每一个选择都决定着我们的命运,都可以改变我们的命运。

在我们的一生中,我们必须避免盲目性的选择。我们是选择向前走还是向后退或者停在原地?是选择快步走还是慢慢踱?是一个人走还是与别人一起走?很多人不会为此刻意考虑很久,因此造成了选择的盲目性,为以后的生活带来烦恼。因此,在我们每一次的选择中,我们必须清楚什么才是正确的选择。因为生活中很多选择都是一次性的,没有修改的机会。如果错误地进行选择,会在很大程度上影响甚至改变我们的人生走向。所以,在做出选择前要考虑清楚,以免后悔。

只有学会了正确的选择,我们才能拥有美满的人生,获得成功的事业!没有选择,我们的人生就是没有航标的小船,只能毫无目的地随波逐流。

只有选择,人生才有主题,人生的坎坷才会被踏平,人生才能冲破世俗的藩篱,人生才能演奏出生命的精彩乐章。

无论是在工作中还是生活中，当我们做一个决定时，我们常常会面临两个或多个选项，这就要求我们善于分析比较，做出明智的选择，放弃那些弱势选项。如果一个人不懂得选择和放弃的智慧，那么当他面对人生的选项时则会出现犹豫不决、迟迟难下结论的情况，最终必然会错过难得的机会。因此，我们必须了解认真选择、当机立断的重要性。

人的一生就是不断选择的过程，这句话道出了人生最朴素、最简单，也是最重要的哲理。所谓失之毫厘，谬以千里，讲的就是选择的重要性。我们今天选择一个项目，看起来与选择另一个项目差不多，但一个有前途，一个没前途，随着时间的推移，两者的差距会越来越大。个人的发展和企业发展是一个道理，方向比速度更重要。在未选择明确的方向以前，单纯地谈速度是没有太大意义的，甚至有时等待优于行动。没有明确选择的行动，就是人们平常所说的瞎折腾，瞎折腾的结果就是导致无序无效。

选择不同，其结果也必然不同。日常生活中，我们必须了解选择的重要性，不可盲目地做出任何选择，以免日后后悔。

最好的选择就是适合自己的选择

一个人一生中的每时每刻，其实都是在选择中度过的。有人这样说：品味人生，最大的愉快莫过于做出选择，最大的痛苦也莫过于做出选择，而适合自己的选择才是最好的选择。

一、没有最好，只有最适合

在人生路上的不少时间里，我们经常陷入两难的困境：选择一

件东西,又担心前面有更好的选择;等一等再说,又可能丧失了好的机会。世界上永远没有最好的选择,只有最适合的一个。草率做出的选择往往不尽如人意,但选择无法完美。如果追求尽善尽美,很容易错过选择的最佳时机。

希腊有一位大学者,名叫苏格拉底。一天,他带领几个学生来到一块麦地边。那时正是成熟的季节,地里满是沉甸甸的麦穗。

苏格拉底对学生们说:"你们去麦地里摘一个最大的麦穗,只许进不许退。我在麦地的尽头等你们。"

学生们听了老师的要求后,就陆续走进了麦地。地里到处都是大麦穗,哪一个才是最大的呢?学生们埋头向前走。看看这一株,摇了摇头;看看那一株,又摇了摇头。他们总以为最大的麦穗还在前面呢。虽然学生们也试着摘了几穗,但并不满意,便随手扔掉了。他们总以为机会还很多,完全没有必要过早地定夺。

学生们一边低着头往前走,一边用心地挑挑拣拣,经过了很长一段时间。突然,大家听到苏格拉底洪钟一般的声音:"你们已经到头了。"这时两手空空的学生们才如梦初醒。

苏格拉底对学生们说:"这块麦地里肯定有一穗是最大的,但你们未必能碰见它;即使碰见了,也未必能做出准确的判断。因此对你们来说,最大的一穗就是你们手中的这一穗。别总是这山望着那山高,那只会让你们错失所有的机会。"

这个故事告诉我们这样一个道理：人的一生仿佛也是在麦地中行走，也在寻找最大的一穗。而现实世界充满了诱惑，越想找到最大的麦穗越会无从选择。我们每个人所能选择的麦穗并不是客观上最大的麦穗，但对于个人来讲，那就是他能摘到的最大的麦穗。因此，见到颗粒饱满的"麦穗"，就要不失时机地摘下它，不要东张西望，走到麦田边时却发现两手空空。

记得有一篇文章说猴子下山，看见玉米就摘玉米，看见桃子，就扔掉玉米去摘桃子，再看见大西瓜，又把桃子扔掉，去摘西瓜……最后一无世获。

当然，在生活中，我们不会像那只猴子那样傻，但是有的时候确实是朝三暮四地对待选择，结果和猴子一样，一无所获。

二、缩小选择的范围

科学家们曾经做过一个实验，是在美国斯坦福大学附近的一个以食品种类繁多闻名的超市进行的。工作人员在超市里设置了两个小吃摊，一个有6种口味，另一个有24种口味。结果显示有24种口味的摊位吸引的顾客较多，242位经过的客人中，60%会停下试吃；而260个经过6种口味的摊位的客人中，停下试吃的只有40%。不过最终的结果却是出乎意料：在只有6种口味的摊位前停下的顾客30%都至少买了一种小吃，而在有24种口味的摊位前试吃的人中只有3%的人购买了东西。

这个实验告诉我们，选择的对象越多，越难以选择。所以在众多的选择面前，我们必须要有一个属于自己的主意，要明确自己真正想要的是什么，缩小选择的范围，这样才能在众多的选择中找出

> 第四章 小选择蕴藏大出路

最适合的。

三、避实就虚——田忌赛马的启示

避实就虚不是一句空话，而是一种选择的策略。我们来温习一下田忌赛马的故事。

当时，齐威王要和田忌赛马。他们把各自的马分成上、中、下三等。比赛的时候，上等马对上等马、中等马对中等马、下等马对下等马。由于齐威王每个等级的马都比田忌的强，三场比赛下来，田忌都失败了。田忌觉得很扫兴，垂头丧气地准备离开赛马场。

这时，田忌的朋友孙膑从人群中走过来，拍着田忌的肩膀说："从刚才的情况看，齐威王的马比你的快不了多少呀……"

孙膑的话还没有说完，田忌白了他一眼，说："想不到你也挖苦我呀！"孙膑说："我不是挖苦你，你若再同他赛一次，我有办法让你取胜。"

田忌疑惑地看着孙膑，"你是说另换几匹马吗？"孙膑摇摇头说："一匹也不用换。"田忌没信心地说："那还不是照样输！"孙膑说："你就照我的主意办吧。"田忌点了点头，跟着孙膑一同向齐威王走去。

齐威王正在得意扬扬地夸耀自己的马，看见田忌和孙膑过来，便讥讽田忌："怎么，你还不服气？"田忌说："当然不服气，咱们再赛一次！"齐威王轻蔑地说："那就来吧！"

一声锣响，赛马又开始了。孙膑让田忌先用下等马对齐威王的上等马，第一场输了，接着进行第二场比赛。孙膑让田忌拿上等马对齐威王的中等马，胜了第二场，齐威王有点儿心慌了。第三场，田忌拿中等马对齐威王的下等马，又胜了一场，这下，齐威王目瞪口呆了。

还是原来的马，只是重新选择了一下比赛对象，田忌便以胜两场输一场的战果赢了齐威王。这个故事蕴涵着许多哲理，其中最重要的一条，便是成功在于智慧而巧妙的选择。

选择韬光养晦，才能一鸣惊人

有句话说："蛟龙未遇，潜身于鱼虾之间；君子失时，拱手于小人之下。"在很多情况下，当条件不成熟时，就需要把自己的实力和意图隐蔽起来，等待机会，可以麻痹对手或者转移对手的注意力，有效地隐蔽自己、保护自己；同时，也使对手骄傲轻敌，以为自己软弱无能，然后趁其不备，出其不意，进行反攻，使对手措手不及。懂得韬光养晦之道的人，会甘愿让对方处在重要的位置，让自己处在次要的位置，不感情用事。这样慢慢等待时机，总有一鸣惊人的时候。

韬光养晦是一种生存策略，有时也体现出一个人的谦卑，一个甘愿处于次要位置的人，能够得到人们的尊重与爱戴；而一个骄傲的人，常常因为无法接纳他人的意见，从而失去他人的支持，也可能失去长远发展、取得突破的机会。

韬光养晦关键就是要沉住气，能够忍受外来的干扰，不要感情用事，这样才能够冷静地分析局势。如果冒顿不懂得这个道理，为

了一时的冲动贸然和东胡为敌的话，匈奴早就灭亡了。

　　早在西汉初年，匈奴首领冒顿杀父自立为王，这给它的邻邦东胡形成了一种震慑。为了扼制匈奴的势力，东胡对匈奴不断地发起挑衅，企图灭掉匈奴。

　　匈奴人生活在西北部的草原上，部族的成员都很强悍、善骑。而匈奴人有一匹千里马，皮毛油黑发亮，全身上下没有一根杂毛。此马日行千里，曾为匈奴立下过汗马功劳，被视为宝马。东胡听说此马后，便派使者到匈奴索要这匹宝马，对于东胡的无理要求，匈奴人一致反对，决心要与东胡决一死战。

　　冒顿也明白东胡的挑衅用意，虽然他也一肚子火，但他并没有将自己的想法表露出来。他知道，如果这个时候冲动的话，可能会造成被东胡灭族的危险。于是，决定忍痛割爱，将宝马献给东胡。他对臣下说："东胡之所以向我们要宝马，是因为与我们是友好邻邦。区区一匹千里马又算得上什么？如果拒绝东胡的要求，这样有失邻邦和睦。"于是，他就把宝马拱手送给了东胡，一副心甘情愿的样子。

　　虽然表面上冒顿不与东胡作对，但暗地里他却在偷偷地壮大实力，养精蓄锐，等待有朝一日能够灭掉东胡。只是时机尚未成熟，还不可声张。

　　与此同时，东胡王得到千里马以后，非常高兴，他认为冒顿胆小怕事，于是更加狂妄。冒顿的妻子年轻貌美，端庄贤淑，深得民心。东胡王听说后，心生邪念，派人去匈奴说要纳冒顿之妻为妾。

匈奴群臣听到这个消息后，无不感到羞辱与愤怒，大家发誓要与东胡决一死战。冒顿非常气愤，他连自己的妻子都保护不了，感到非常屈辱。但是他明白东胡三番五次向自己发起挑衅，是因为东胡的力量强大，如果双方一旦发生战争，实力悬殊，匈奴必会战败。于是，他强作笑颜，劝告群臣说："天下女子多的是，而东胡却只有一个，怎能因为区区一个女人而伤害与邻邦的友谊？"于是，他又把爱妻送给了东胡王。随后，他召集群臣，指明东胡气焰嚣张的原因，分析了当时的形势，鼓励大臣们内修实力，外修政治。群臣听完冒顿的分析，都按照冒顿的要求兢兢业业地做事，以图日后报仇雪恨。

东胡王轻而易举地得到了千里马和冒顿的妻子，所以他认为冒顿懦弱胆小，于是更加骄奢淫逸，整日寻欢作乐，不理朝政，导致实力日益衰弱。而此时的匈奴经过冒顿及群臣的精心治理，政治清明，兵精粮足，实力已经相当雄厚，甚至超过了东胡。

可悲的是东胡王却不明就里，更加放肆，第三次派人前往匈奴，索要两邦交界处方圆千里的土地。东胡的使臣来到匈奴后，冒顿召集群臣商议对策。大臣们联想到以往两次的事，不明白这次他将采取何种态度，都低头沉默，有人试探地说："邻邦友谊重于一切，我们就把千里土地送给他们吧。"

谁知道，冒顿听此提议，怒发冲冠，拍案而起，义愤填膺地说道："土地乃社稷之根本，岂可割予他人！东胡王抢我千里马，霸我皇后，索我土地，实在是欺人太甚！现在天赐良机，我们要灭掉东胡，以雪国耻。"于是，他亲自披挂

上阵,众人同仇敌忾,在东胡毫无防备之时,一举将其消灭。

如果冒顿当时被夺马霸妻之后,一味地意气用事,凭着自己弱小的实力与东胡对抗,很可能会全军覆没,自己的政权被推翻。但是冒顿没有这样做,他先把个人的感情抛在一边,暗中蓄积力量,最后灭掉了东胡。冒顿将屈辱视为一种磨炼,把忍耐当作一种与敌人斗争和周旋的策略,通过曾经所受到的耻辱刺激群臣,鼓励群臣和百姓卧薪尝胆、发愤图强,先壮大自己,然后再与敌人作战,最后取得了胜利。

人生在世,随时都可能会受到强势的压迫,控制住情绪,便是发愤图强的内在动力。面对冷遇或者强势而不能马上做出反抗或者回击时,不妨先收起自己战斗的武器,韬光养晦,这样才能够图长远之利。

选择勇气,成功才有可能与你相遇

美国总统亚伯拉罕·林肯时刻告诫自己:"只有每天都拿出勇气来,你才能摘取成功的桂冠。一个人要有伟大的成就,必须天天有一些小成就,因为大成就就是由小成就不断累积的结果。假如你每天都没有进步,没有成就,那么在心理上你可能永远都不会认同自己,没法获得必胜的信心。"

19世纪被誉为科学的世纪,也是以科学的技术化和社会化为突出特征的世纪。科学在这个世纪开始成为社会生活的一个重要组成部分。风起云涌的伟大创新转变成为技术科学的巨大威力。这个世纪的一些科技巨擘继续活跃于20世纪。爱迪生就是其中之一。

爱迪生出身低微，生活贫困，他的"学历"是一生只上过3个月的小学，老师因为总被他古怪的问题问得张口结舌，竟然当着他母亲的面说他是个傻瓜、将来不会有什么出息。母亲一气之下让他退学，由她亲自教育。这时，爱迪生的天资得以充分地展露。在母亲的指导下，他阅读了大量的书籍，并在家中自己建了一个小实验室。为筹措实验室的必要开支，他只得外出打工，当报童、办报纸。最后用积攒的钱在火车的行李车厢也建了个小实验室，做化学实验研究。后来，化学药品起火，几乎把这个车厢烧掉。暴怒的行李员把爱迪生的实验设备都扔下车去，还打了他几记耳光，据说爱迪生因此终生致聋。

爱迪生是美利坚民族崇尚的那种传奇般的人物——虽未受过良好的学校教育，但凭个人奋斗和非凡才智获得巨大成功。他自学成才，以坚韧不拔的毅力、罕有的热情和精力从千万次的失败中站了起来，克服了数不清的困难，成为美国的发明家、企业家。他早年曾制定双工式和四工式电报系统，发明自动电报机。1877～1879年发明留声机；实验并改进了电灯（白炽灯）和电话。以后又制定了照明系统，并为实现集中供电进行了许多工作。他提出并采用直流三线系统，制成当时容量最大的发电机，并于1882年利用该机建成了第一座大型发电厂。在同时期，做了铁道电气化的试验。1883年发现"爱迪生效应"，即热电子发射现象。在电影技术、矿业、建筑、化工等方面也有不少著名的发明，仅从1869～1901年，就取得了1000项发明专利。在他的一生中，平均每15天就有一项新发明，他因此而被誉为"发明大王"。

爱迪生献身科学、淡泊名利。在研制电灯时,记者对他说:"如果你真能造出电灯来取代煤气灯,那你一定会赚大钱。"爱迪生回答说:"一个人如果仅仅为积攒金钱而工作,他就很难得到一点别的东西——甚至连金钱也得不到!"他一直被称作现代电影之父,可是在电影界人士为他77岁寿辰举行的盛大宴会上,他说:"对于电影的发展,我只是在技术上出了点力,其他的都是别人的功劳。"

爱迪生胸襟开阔、善处逆境。针对自己的耳聋不便,他说:"走在百老汇的人群中,我可以像幽居森林深处的人那样平静。耳聋从来就是我的福气,它使我免去了许多干扰和精神痛苦。"1914年某天晚上,爱迪生的电影实验室突遭火灾,损失巨大。爱迪生安慰伤心至极的妻子说:"不要紧,别看我已67岁了,可我并不老。从明天早晨起,一切都将重新开始,我相信没有一个人会老得不能重新开始工作的。"第二天,爱迪生不但开始动工建造新车间,而且又开始发明一种新的灯——一种帮助消防队员在黑暗中前进的便携式探照灯。火灾对爱迪生就像是一支小小的插曲。

爱迪生造福大众、不畏艰辛。为寻找灯丝,他试验了数千种材料;为试制一种新的蓄电池,他失败了八千次。因此,爱迪生常常说:"天才是百分之一的灵感加上百分之九十九的勤奋。"他在80岁时,仍然保持着发明家的精神,紧张地进行着发明创造活动。1927年,他成立了爱迪生植物研究公司,投入一个崭新的研究领域,寻觅化工新材料。81岁高龄的爱迪生成功地从野草中提炼出橡胶,受到人们极高的评价。

1931年10月18日清晨3时24分，爱迪生带着宽慰的微笑，闭目辞世，享年84岁。临终时他坦然地说："我为人类的幸福，已经尽力了；没有什么可遗憾的了。"

举行葬礼的那天，全美国熄灭电灯1分钟，以示哀悼。这是人们表达对爱迪生无限怀念之情的最隆重的方式，也是人们献给这位伟大发明家的一曲无言的赞歌。

《纽约时报》的一篇报道说，有个记者采访刘易斯时问："你是世界上跑得最快的人了，你现在没有了竞争的目标怎么办？"刘易斯回答："我下一步该做的就是鼓起勇气粉碎自己。"刘易斯这句话，给这个记者的问题作了一个最精辟的注解。是的，仔细想想，你活着，从来都不是要刻意地活给别人看，你活着的最终目标是要活出自己的风采，活出自己的个性。你要知道，你每天都是在与自己竞争——因为在这个世界上，没有人可以时刻充当你的对手，也没有人会时时记着要给你的人生打分。只是在今天与昨天之间，你自己知道自己的输赢。所以，你要时时提醒自己：每天赢自己一点！

约翰·洛克小时候功课实在不好，可他父亲却从来都不指责，只说："儿子，这世界上有许多人比你强，所以你不一定要与别人去比。你只要跟你自己比，告诉自己每天都要赢过去的自己一点。"所以，约翰·洛克过得比班上任何一位同学都轻松。他绝对不会像其他同学，即使测验得了99分，可只要不是全班第一名，心里还是会感到郁闷，回家也免不了要受一番数落。

后来，上了中学，约翰·洛克就更有自己的想法了，他

第四章 小选择蕴藏大出路

知道自己学习不够好,因此也就不像大伙似的想当什么科学家。他画画很不错,于是,他就每天画画给自己看,给父亲看,让自己的画一天比一天进步:每天赢自己一点。结果,约翰·洛克在高中毕业时被保送进了哈佛大学的美术系。

如今,约翰·洛克已是得克萨斯州小有名气的青年画家。他现在给那些刚入门的学画者签名时,总喜欢写这么一句话:每天赢自己一点。

一个人,如果每天都能鼓起勇气再赢1%,就没有什么能阻挡他抵达成功,成功与失败的距离其实并不遥远。很多时候,它们之间的区别就在于你是否每天都鼓起勇气去提高自己的能力,假如今天的你与昨天的你相比没有进步的话,那么你就会被有勇气的竞争者无情地淘汰。

马克在亚特兰大州一家外资企业担任通信设备销售总监,因为一直忙于日常事务,在"干杯"声中一晃三年就过去了。他的一名下属学历比他高,能力比他强,经验也在数年的商海中获得了积累,销售业绩惊人,在公司最近的绩效考评中名列第一,将马克取而代之,留给马克的除了美好回忆和一个"将军肚"外,唯有一声叹息。

你现在无论做什么,都是在为将来做准备,用锻炼自己成长的积极心态,对待自己正在做的事情。树立起补位意识,每做一件事,就多一点个人资源,而这些资源就是你的个人财富,是你安身立命的资本。每天提高1%,只要有足够的耐力,坚持下去,你进步的程度会让自己都感到惊讶。

选择匍匐是为了长久站立

面临困难和逆境时，如果一时没有办法扭转不利的局势，那么，最好的选择，就是暂且匍匐。匍匐着前进，不但能够隐藏自己，而且能够避开敌人的攻击，最终成就自己。

伍子胥就是这样一个人，在《史记》中，司马迁称伍子胥是一个有血性的刚烈丈夫。的确，伍子胥身负国耻家仇，忍耐着巨大的悲痛，遏制住自己彻骨的愤怒和仇恨，艰苦奋斗几十年而矢志不渝，终于等到机会除掉了仇人。

楚平王有个太子叫建，楚平王命伍子胥的父亲伍奢担任建的太傅，让费无忌做建的少傅，两人共同辅佐太子建。伍奢尽心尽力，潜心教导太子，但费无忌却一直对太子建不忠心，一直说太子建的坏话，说他要篡谋皇位。

楚平王把太傅伍奢召回来审问。伍奢知道费无忌在楚平王面前说了太子的坏话，就说："大王您怎么能听信一些小人的挑拨是非，对至亲骨肉疏远呢？"

可是，费无忌这个时候添油加醋地说："大王如果现在不加以制止，他们的阴谋可能很快就得逞了，到了那个时候，大王的处境就非常危险了，再加强防备也来不及了呀！"费无忌屡进谗言，楚平王对太子建更加疑忌，于是大怒，下令把伍奢囚禁起来，同时命人去杀太子建。

太子建得到消息后，只好逃离楚国，到宋国避难了。费

第四章 小选择蕴藏大出路

无忌又用计,除掉了伍奢这个眼中钉和他的一个儿子。伍奢的另一个儿子逃脱了,他的名字叫伍员,就是后来大名鼎鼎的伍子胥。

逃走了的伍子胥忍辱负重,一路跋山涉水,受尽了磨难。他听说太子建逃到宋国避难,就前去宋国找太子。伍子胥到宋国以后,经过一番艰辛,终于找到了太子建。

可是,当时宋国也正值内乱,不是避难的理想之地,他只好和太子建一同逃到郑国。虽然郑定公待他们很客气,但是当时的郑国国力非常弱,不足以对抗楚国,他们便离开郑,到了晋国。

晋顷公接待了他们,对太子建说:"太子既然跟郑国的关系一直很友好,郑国应该也很信任太子,如果太子现在去郑国,我们伺机进攻郑国,到时太子给我们做内应,一定能够灭掉郑国。等灭掉了郑国,我就把它封给太子。"

于是,太子建又回到了郑国,可是举事的时机还没成熟就败露了,郑定公令人杀了太子建,伍子胥闻讯,只好带着建的儿子胜逃往吴国。到了昭关,官兵要捉拿他们,伍子胥和胜各自逃跑,在义士的帮助下,巧过昭关,好不容易才脱身,逃出虎口。

但是,伍子胥还没逃到吴国京城,就得了病,不得不在中途停下来。这个时候,伍子胥的盘缠已经花光了,想到父兄无辜被杀,他就悲愤难忍、痛不欲生,真想一死了之。可是,又想到大仇未报,只能咬牙忍耐,他一路上讨饭、露宿野地,吃尽了千辛万苦,终于来到吴都。

这时,吴王僚刚刚当权执政,公子光做将军。伍子胥通过公子光的关系求见吴王,吴王僚见了伍子胥以后,觉得他相貌不凡,谈吐高雅,便加以重用,赐他为大夫。接下来的几年里,吴国和楚国之间爆发了一场大规模的战争,起因非常简单:吴国的边境有一个叫卑梁的小镇,与卑梁接壤的是楚国的小镇钟离。有一次,为争采桑叶,两地的女子相互厮打起来,双方的边民也因此发生争斗,争斗中,卑梁镇的人被杀了好多。这件事被楚平王知道了,楚平王盛怒之下,派兵一举铲平了卑梁。

楚国的行为让吴王僚无法忍受,于是吴国以牙还牙,派公子光率领大军攻打楚国,吴军不费吹灰之力,就荡平楚国的钟离和居巢,之后,又乘势直追楚国的腹地,楚军连连后撤。这个时候,在吴国的宫廷里,伍子胥也感到处处充满了险恶。公子光一心想夺吴国王位,四处招兵买马,准备有朝一日取代吴王僚。

而且,在攻打居巢的时候,伍子胥曾劝吴王僚:"楚国是可以打败的,应该乘胜追击,再派公子光去,就可以一举攻破楚国。"伍子胥也劝公子光乘胜破楚。公子光表面上虽然没有反对,私下里却对吴王僚说:"我看不能再向前进攻,伍子胥的父兄都被楚王杀害,他这是想趁机报仇,可对我们吴国却不一定有好处。况且,如果我们攻打楚国,也未必有把握将楚国打败呀。"吴王听从了公子光的话。

伍子胥知道公子光有野心,一直在伺机想杀死吴王僚,自立为君。他认为如果在这样的人身边,可能不但报不成仇,还会招来杀身之祸,就向公子光提出请求,说自己想到山里去种地。

第四章 小选择蕴藏大出路

一直以来，伍子胥帮公子光做了许多事，公子光也一直把伍子胥视为上宾，希望他能协助自己夺取王位，自然不会轻易同意伍子胥的请求。

伍子胥为了脱身，也为了公子光成就大事，便推荐了自己的好朋友——专诸。后来，公子光觉得专诸很合自己的心意，便同意了伍子胥归隐的请求。于是，伍子胥就离开朝廷，和太子建的儿子胜一起去了乡下，以种地为生。

伍子胥的这一举动，可谓一箭双雕：一方面，自己能脱身；另一方面，自己还可以通过朋友专诸了解宫廷里的动向。

伍子胥在山里种地只是借口，而他无时不在想着为父兄报仇雪恨，他之所以一直忍耐着，只是为了寻找报仇的机会。

公元前516年，吴国趁楚平王去世、楚国内政混乱之机，派兵攻打楚国，吴王僚把兵马都派去对楚作战。公子光和专诸商议，认为这个时候正值国内空虚，于是，很快就废掉吴王僚，自立为王，即吴王阖闾。

阖闾自立以后，就召回伍子胥，官拜为行人，和他共同策划国事，伍子胥开始帮助吴王阖闾讨伐楚国。伍子胥长久的匍匐总算有了站立的机会，总算有了报仇雪恨的机会。

在阖闾九年的时候，吴军向楚国不断挺进，一直打到了郢都，楚昭王出逃，吴兵很快就攻进了郢都。吴兵攻进郢都后，伍子胥四处搜寻昭王，没有找到，就掘开楚平王的坟墓，鞭尸三百，终于解了心头大恨，报了楚王杀父兄之仇。

伍子胥的兄长伍尚虽然忠义孝顺，但他目光过于短浅，为了不背上不孝顺之名，甘愿同父亲一起赴死，白白葬送自己的生命。伍尚看似死得有忠有义，但司马迁将伍尚的为父赴死形容为"蝼蚁之死"。伍子胥的忍辱偷生，则被司马迁形容为大丈夫的作为，因为大丈夫是能屈能伸的。如果伍子胥也和其兄一样去赴死，那正好中了楚王的圈套，死得毫无价值。

伍子胥为报父兄之仇，忍受了人间太多的苦难。他懂得"留得青山在，不怕没柴烧"的道理，懂得"君子报仇十年不晚"，只有活下去，才有机会报仇。逃亡之后，伍子胥将杀父之仇暂时掩藏了起来，饱受眼前的侮辱，匍匐下去，等待反扑的时机。终于，他利用吴国的力量，实现了自己报仇雪恨的夙愿。

匍匐是一种明退暗进，忍耐到极点，便是柳暗花明；匍匐更是一种蓄势待发，今天短暂的匍匐，正是为了明天长久的站立。忍耐眼前一时的痛苦和不快，正是为了更快地到达长远的目标。

一个人如果能够做到匍匐，终有一日能成就大事。匍匐不是逃避，更不是懦弱，而是一种有目的、有意识的忍耐，匍匐的目的是为了有朝一日东山再起。一个追求更大成功的人，眼光长远，他们能在关键时刻忍气吞声，能够屈伸匍匐，最终成就大业。

选择脚踏实地才能持续进步

做事情一定要选择正确的态度，如果态度不对，是很难把事情做好的。在美好的理想面前，有的人选择整天耽于幻想，异想天开，有的人却选择埋头苦干，奋力拼搏，结果，当前者还沉浸在虚无的幻想之中时，后者已经爬上了成功的顶峰，享受着胜利的喜悦。

成绩不是想出来的，而是干出来的。脚踏实地的实干家永远要胜于脱离现实的幻想家和侃侃议论的空谈家，在实现梦想的征程上，

脚踏实地才是最好的选择,它能够帮助我们披荆斩棘,走向成功。

藤田田毕业于日本早稻田大学经济学系。1971年开始自己创业,准备经营麦当劳生意。麦当劳是闻名全球的连锁快餐公司,采用的是特许连锁经营机制,要取得特许经营资格是需要具备相当财力的,而当时的藤田田只是一个才出校门几年、毫无家庭资本支持的打工一族。

只有不到5万美元存款的藤田田,看准了美国连锁快餐文化在日本的巨大发展潜力,决意要不惜一切代价在日本创立麦当劳事业,于是绞尽脑汁四处借钱,然而,5个月下来他只借到4万美元。这时,他想到了向银行贷款。一个风和日丽的早晨,他西装革履满怀信心地跨进住友银行总裁办公室的大门。

藤田田以极其诚恳的态度向对方表明了他的创业计划和求助心愿。在耐心听完他的表述之后,银行总裁说:"你先回去吧,让我再考虑考虑。"藤田田听后,心里即刻掠过一丝失望,但马上镇定下来,恳切地对总裁说了一句:"先生可否让我告诉你,我那5万美元存款的来历呢?"回答是"可以"。

"那是我6年来按月存款的收获,"藤田田说道,"6年里,我每月坚持存下工资奖金,雷打不动,从未间断。6年里,无数次面对过度紧张或手痒难耐的尴尬局面,我都咬紧牙关,克制欲望,硬挺了过来。有时候,碰到意外事故需要额外用钱,我也照存不误,甚至不惜厚着脸皮四处告贷,以增加存款。这是没有办法的事,我必须这样做,因为在跨出大学门槛的那一天我就立下宏愿,要以10年为期,存够10万美元,然后自创事业,出人头地。我坚信,在小事情上过硬的人才干得成大事情。现在机会来了,我一定要提早开创自己的事业。"

藤田田一口气讲了20分钟,总裁越听神情越严肃,并向藤田田问明了他存钱的那家银行的地址,然后对藤田田说:"好吧,年轻人,我下午就会给你答复。"

送走藤田田后,总裁立即驱车前往那家银行,亲自了解藤田田存钱的情况。柜台小姐了解总裁来意后,说了这样几句话:"哦,是问藤田田先生啊。他可是我接触过的最有毅力、最有礼貌的一个年轻人。6年来,他真正做到了风雨无阻地准时来我这里存钱,老实说,这么严谨的人我真是佩服得五体投地!"

听完柜台小姐介绍后,总裁大为动容,立即打通了藤田田家里的电话,告诉他住友银行可以毫无条件地支持他创建麦当劳事业。藤田田追问了一句:"请问,你为什么要决定支持我呢?"

总裁在电话那头感慨万千地说道:"我今年已经58岁了,再有两年就要退休,论年龄我是你的2倍,论收入我是你的40倍,可是,直到今天我的存款却还没有你多……我可是大手大脚惯了。光说这一点,我就自愧不如、敬佩有加了。我敢保证,你会很有出息的,年轻人,好好干吧!"

于是,藤田田终于开始做起了自己的快餐事业,而如今日本已有10000多家麦当劳店,一年的营业总额突破40亿美元大关。正是藤田田靠自己脚踏实地的努力创造了如此辉

第四章 小选择蕴藏大出路

煌的业绩。

脚踏实地，行胜于言，想法再好，没有实际行动，也是无法取得成绩的。不管是做什么事情，都需要有耐心，踏实、肯干，即使取得一定的成绩也不应该变得浮躁，飘飘然不知所为。否则，终有一天会因此踩空而跌落下来，遭受惨重的失败。

脚踏实地是一种可贵的实干精神，更是一种良好的处事心态，只有保持谦虚谨慎的态度，积极进取，不骄傲自满，才会不断进步，使自己更上一层楼，而不是中途止步，甚至产生倒退。可以说，脚踏实地的态度，既是取得成就的基础，也是持续进步的保证。

选择积极的人生态度

一个小孩拼命地跑，因为他想要超越自己的影子。可是，不管他向前跑多远、跑多快，影子总是在他前面。后来，有个大人告诉他一个最简单的方法："你只要面对太阳，影子不就跑到你的背后去了吗？"是啊，面对光明，阴影永远在我们身后。人生在世，困难、挫折、不如意、失恋、破产、疾病、死亡等种种困扰要挡也挡不住，想躲也躲不开，而且，你越是想躲开，它们就好像离你越近，老是缠着你，不让你脱身，不让你到欢乐的人群中去，不让你享受生命的欢乐。为什么不像小孩一样勇敢地去面对困扰呢？从无数成功人士的奋斗历程中我们可以得出：成功是由那些抱有积极心态的人所取得的，并由那些以积极的心态努力不懈的人所保持。拥有积极的心态，即使遭遇困难，也可以获得帮助，事事顺心。

生命本身是短暂的，但是为什么有的人过得丰富多彩，充满朝气和进取精神，有的人却生活得枯燥无味，没有活力？生活也许是一支笛、一面锣，吹之有声，敲之有音，全看你是不是积极去吹去敲，去创造自己生活的节奏和旋律。有人说：我不会吹、不会敲怎么办。积极的人会说：不吹白不吹，不敲白不敲，消极等待只能浪费生命。是的，活在世上，何必等待，何必懒惰？等待等于自杀，懒汉也并不能延长生命的一分一秒。

让我们来看看拥有积极心态的人们的特质：拥有积极心态的人身上永远洋溢着自信，他们会用自己的行动告诉我们：要有信心，信心是我们无限魅力的来源，要相信自己，世界上最重要的人就是自己，成功、健康、幸福、财富依靠我们如何应用自己看不见的法宝，那就是积极心态。

世上无难事，只怕有心人。拿破仑·希尔曾经说过，把你的心放在你所想要的东西上，使你的心远离你所不想要的东西。对于那些有积极心态的人来说，每一种逆境都含有等量或更大利益的种子。有时，那些似乎是逆境的东西，其实隐藏着良机。将自己全部身心投入到人生的目标之中，排除万难，坚持不懈，终会获得成功。

一个拥有积极心态的人另一个突出的表现就是他的投入，一切的一切，关键就在于投入，投入才能获得愉快。看一场球就想自己去打一场，做一顿饭一定做得有滋有味，进行一项实验就废寝忘食，写一篇文章会忘乎所以，一切都是那么吸引人，那么有趣味。付出总有回报，不懈进取，积极投入人生，会使人们很快发现自己，包括自己的长处和短处，事物的阴暗面和阳光面，从而很快确定自己的生活目标。

自觉也是拥有积极心态的人取胜的法宝之一，积极人生是一种自觉进取的人生，自觉是一个很重要的前提。一个人珍惜自己的生命，

第四章 小选择蕴藏大出路

发挥和享受自己的生命,全凭自觉的力量。有了自觉,就可能少受环境和条件的限制,在各种情况下找到生活的突破口,在没有路的地方走出一条自己的路来。

当然世间诸事并不可能一帆风顺,英国科学家法拉第曾经说过:"拼命去争取成功,但不要期望一定会成功。"在看待事物时,应考虑生活中既有好的一面,也有坏的一面,但强调好的一面,就会产生良好的愿望与结果。一个积极心态的人并不否认消极因素的存在,他只是学会了不让自己沉溺其中。他常能心存光明远景,即使身陷困境,也能以愉悦和创造性的态度走出困境,迎向光明。积极的人生态度是成功的催化剂,积极能使一个懦夫成为英雄,从心态柔弱变为意志坚强,它使人性变得温暖活泼、富有弹性,使人充满进取精神,充满冲劲和抱负。

识时务者为俊杰

常言道:识时务者为俊杰。什么是时务?就是形势,就是趋势,就是对事物现在和未来的准确判断。一件事情,重要的不是现在怎样,而是将来它会怎样。看清了它的将来,坚定不移地去做,这就是许多成功人士的秘诀。然而有不少人却做不到这点,他们一遇不平,就为了所谓的"面子"和"尊严"与人争斗,有些人因此而一败涂地,有些人虽然获得"胜利",却元气大伤!而所谓俊杰,并非专指那些纵横驰骋如入无人之境、冲锋陷阵无坚不摧的英雄,还应当包括那些看准时局、能屈能伸的处世者。但是后者常被视为有逃避、变节的嫌疑。其实不然。小到个人的自我设计,大到国家的大政方针,随着内部条件和外部环境的变化，难免要作出调整、改变，甚至于不得不放弃。知难而进者固然可喜，审时度势、善于放弃者更难能可贵！

第四章 小选择蕴藏大出路

克罗克原来是奶昔机器推销员，他偶然从业务报表上发现，有一家名叫麦当劳的餐厅一次订购了8台奶昔机器。从这个订购单上可以发现，这不是一家普通的店，他立刻动身前往，希望能发现商机。克罗克到了麦当劳餐厅，立刻被那种独特的快餐氛围所感染。他意识到，在大工业时期，麦当劳这样的快餐店正是潮流所在。他便向店主麦当劳兄弟提出他的扩张计划，要在美国克隆出遍地的麦当劳快餐店。但麦当劳兄弟对目前的状况很满足。经过艰苦的谈判，克罗克才获得条件苛刻的授权，开始在美国各地推销麦当劳连锁店的加盟权。

克罗克为此放弃了熟悉的工作四处奔波。最后他买断麦当劳的商标，10年之后，美国的麦当劳连锁店就达到700多家，而克罗克本人也成了大富翁。

克罗克不愧为一名"俊杰"，发现赚钱的商机后，他敢于放弃原有的工作，最终成为一个成功的商人。要知道掌握趋势就是掌握未来，就是掌握了发展的机会。当一种趋势出现苗头时，能够发现并且把握住，就是真的英雄。

大文豪鲁迅认识到要拯救中华，只有先拯救国人那麻木的灵魂。于是他放弃了学医救国的道路，决定弃医从文，拿起笔同敌人作斗争。在此，放弃同样可以使生命得到升华。

综观古今中外的历史，大凡胸怀大志、能够干一番大事业的人士，无一不是能看清潮流、看清形势的人。因为人世间的冷暖是变化无常的，人生的道路没有定式，只有审时度势的人才能走向成功，才不会作无谓的牺牲。

在生活或工作中，明智的选择胜过盲目的执著，没有适当的选择，没有适时的放弃，将一事无成。当你发现某个目标实现的概率很小时，就应该及时调整或毫不犹豫地放弃，适时的放弃不是不思进取，而是果断为之。有些生性要强的人，往往怀着更多的欲望，企图更多地占有，总想在各个方面都比别人强。实际上这是做不到的。如果非要强求，就是给自己设置了一个永远也无法实现的目标，最后将会失去更多。

切勿好高骛远，选择珍惜今天

很多人总是喜欢展望未来，觉得明天会得到更好的职位、更多的金钱、更美好的爱情、更舒适的生活……对未来抱有切实的希望本没有错，但若是好高骛远、不珍惜自己所拥有的东西，那你或许就将悔恨终生。记住：获得幸福的途径之一是珍视你所拥有的、遗忘你所没有的。

她站在台上，不时不规律地挥舞着双手；仰着头，脖子伸得好长好长，与她尖尖的下巴扯成一条直线；她的嘴张着，眼睛眯成一条线看着台下的学生；偶尔她口中也会"咿咿唔唔"的，不知在说些什么。基本上她是一个不会说话的人，但是，她的听力很好，只要对方猜中或说出她的意见，她就会乐得大叫一声，伸出右手，用两个指头指着你，或者拍着手，歪歪斜斜向你走来，送给你一张用她的画制作的明信片。

她就是黄美廉，一位自小就染患脑性麻痹的病人。脑性麻痹夺去了她肢体的平衡感，也夺走了她发声讲话的能力。从小她就活在诸多肢体不便及众多异样的眼光中，她的成长充满了血泪。然而她没有让这些外在的痛苦击败她内在的奋斗精神，她昂然面对，迎向一切的不可能，终于获得了加州大学艺术博士学位。

她用她的手当画笔，以色彩告诉人"寰宇之力与美"，并且灿烂地"活出生命的色彩"。全场的学生都被她不能控制自如的肢体动作震慑住了。这是一场倾倒生命、与生命相遇的演讲。

"请问黄博士，"一个学生小声地问，"你从小就长成这个样子，你怎么看你自己？你都没有怨恨吗？你怎么能够过得这么开心？"

"我怎么看自己？"美廉用粉笔在黑板上重重地写下这几个字，写完后，她停下笔来歪着头，回头看着发问的同学，然后嫣然一笑，回过头来，在黑板上龙飞凤舞地写了起来：

我好可爱！

我的腿很长很美！

爸爸妈妈这么爱我！

上帝这么爱我！

我会画画！我会写稿！

我有只可爱的猫！

还有……

第四章 小选择蕴藏大出路

教室里一片鸦雀无声,没有人敢讲话。她回过头来定定地看着大家,再回过头去,在黑板上写下了她的结论:"我只看我所有的,不看我所没有的。"

只珍惜所拥有的,只珍惜眼前的,或许有人会说这是鼠目寸光。可是,很多人在失去了之后才悔悟,原来珍贵的其实就是眼下的一切,是手头所拥有的东西。珍惜眼前所拥有的资源,把这种资源维护好,就需要我们付出努力,尽量把当下的事做好。

这是一个感人至深的浪漫爱情故事,在网络上流传已久。

从前,有一座圆音寺,每天都有许多人上香拜佛,香火很旺。在圆音寺庙前的横梁上有只蜘蛛,结了张网。由于每天都受到香火和虔诚祭拜的熏陶,蜘蛛便有了佛性。经过一千多年的修炼,蜘蛛的佛性增加了不少。

忽然有一天,佛祖光临圆音寺,看见这里香火甚旺,十分高兴。离开寺庙的时候,不经意间抬头看见了横梁上的蜘蛛。佛祖停下来,问这只蜘蛛:"你我相见总算是有缘,我来问你个问题,看你修炼了这一千多年,有什么真知灼见,说说看?"蜘蛛遇见佛祖很是高兴,连忙答应了。佛祖问道:"世间什么是最珍贵的?"蜘蛛想了想,回答道:"世间最珍贵的是'得不到'和'已失去'。"佛祖点了点头,离开了。

这样又过了一千年光景,蜘蛛依旧在圆音寺的横梁上修炼,佛性继续增强。一日,佛祖又来到寺前,对蜘蛛说:"你还好吗?一千年前的那个问题,你可有什么更深的认识?"蜘蛛说:"我觉得世间最珍贵的就是'得不到'和'已失去'。"佛祖说:"你再好好想想,我会再来找你的。"

第四章 小选择蕴藏大出路

于是又过了一千年。有一天刮起了大风,风将一滴甘露吹到了蜘蛛网上。蜘蛛望着甘露,见它晶莹透亮,很漂亮,顿生喜爱之意。蜘蛛每天看着甘露很开心,它觉得这是它三千年来最开心的几天。突然,有一天又刮起了一阵大风,将甘露吹走了。蜘蛛一下子觉得失去了什么,感到很寂寞和难过。这时,佛祖又来了,问蜘蛛道:"这一千年你可好好想过那个问题:世间究竟什么才是最珍贵的?"蜘蛛想到了甘露,对佛祖说:"世间最珍贵的还是'得不到'和'已失去'。"佛祖说:"好,既然你是这样的认识,我就让你到人间走一遭吧。"就这样,蜘蛛投胎到了一个官宦家庭,成了一个富家小姐,父母为她取了个名字叫蛛儿。时间一晃,蛛儿到了16岁,已经是个婀娜多姿的少女,长得十分漂亮,楚楚动人。

有一天,皇帝在后花园为新科状元甘鹿举行庆功宴席,一时来了许多妙龄少女,包括蛛儿,还有皇帝的小公主长风公主。状元郎在席间吟诗作赋,在场的少女无一不被他的才艺倾倒。但蛛儿一点也不紧张和吃醋,因为她知道,这是佛祖赐予她的姻缘。

过了些日子,说来也巧,蛛儿陪同母亲上香拜佛的时候,正好甘鹿也陪同母亲前来。上完香拜过佛,两位长者在一边说上了话。蛛儿和甘鹿便来到走廊上聊天,蛛儿很开心:终于可以和喜欢的人在一起了!但是很可惜,甘鹿并没有表现出对她的喜爱。蛛儿对甘鹿说:"你难道不记得16年前圆音寺蜘蛛网上的事情了吗?"甘鹿很诧异,说:"蛛儿姑娘,你长得漂亮,也很讨人喜欢,但你的想象力未免丰富了一点

吧。"说罢，就和母亲离开了。

蛛儿回到家，心想：佛祖既然安排了这场姻缘，为何不让他记得那件事，甘鹿为何对我没有一点感觉呢？

几天后，皇帝下诏，命新科状元甘鹿和长风公主完婚，蛛儿和太子芝草完婚。这一消息对于蛛儿如同晴空霹雳，她怎么也想不通，佛祖竟然这样对她。她连日不吃不喝，穷究急思，灵魂就将出窍，生命危在旦夕。太子芝草知道了，急忙赶来，扑倒在床边，对奄奄一息的蛛儿说道："那日在后花园众姑娘中，我对你一见钟情，我苦求父皇，他才答应了让我娶你。如果你死了，那么我也不活了。"说着就拿起宝剑，准备自刎。

就在这时，佛祖赶来了，对快要出窍的蛛儿灵魂说："蜘蛛，你可曾想过，甘露（甘鹿）是由谁带到你这里来的？是风（长风公主）带来的，最后当然也是风将它带走。甘鹿是属于长风公主的，他对于你不过是生命中的一段插曲。而太子芝草是当年圆音寺门前的一棵小草，他看了你三千年，爱慕了你三千年，但你却从没有低下头看过它……现在我再来问你，世间究竟什么才是最珍贵的？"

蜘蛛听了这些真相，好像一下子大彻大悟了，对佛祖说："世间最珍贵的不是'得不到'和'已失去'，而是现在能把握的幸福。"她刚说完，佛祖就离开了，而蛛儿的灵魂也回位了，睁开眼睛，看到正要自刎的太子芝草，她马上打落宝剑，和太子深深地拥抱……

蜘蛛化身的蛛儿明白自己一生在追求的是什么，那就是找到真爱，但在寻找爱情的旅途上，她迷失了方向，走上了歧路。她看到的，不是眼前的芝草，而是不属于自己的露珠。

我们在工作、生活中，也经常犯和蛛儿一样的错误——盯着远处不属于我们的东西，却对自己所拥有的视而不见。整天想着明天我要完成什么，要取得什么样的成就，却忘记了，现在才是真实的，才是你能够得到和控制的。

珍惜此刻、做好手头的事，这是我们一生唯一要做的一件事，也是我们一生唯一能做的一件事。

第四章 小选择蕴藏大出路

第五章　小改变造就大影响

莫为小事影响情绪

在我们的日常工作和生活中，有很多令我们心境不宁的事情。在家中，在单位，甚至走在大街上，都会遇到许多烦心的事：孩子功课不好，又不用功；单位领导莫名其妙地冲自己发火，为一件微不足道的小事足足批评了自己一小时；路上，一人嫌自己挡了他的道，骂骂咧咧没完……如古人所说，人面对着外界的这些干扰，心情自然承受着来自各方面的压力。

有人说，不安和多变，是形容现代生活的贴切词语。我们必须面对不安的生活，使我们的船驶过人生的险道，否则的话，就只有苦闷了。因为能为我们担保的东西很少，我们就只有学会尽力去克服那些危险，才能过上更满意的生活。

曹操发兵攻打刘备，刘备欲联合袁绍共同抗曹，便派说客去见袁绍。说客给袁绍分析兵情：曹操征讨刘备，他的老窝许昌就空虚了。袁绍发兵乘虚而入，就可打赢曹操。这是一个极好的机会。谁知袁绍根本无心谈论此事。但见袁绍形容憔悴，衣冠不整，一口一个"我要死了"。原来是他的第五个儿子生了疥疮，他的心情也就恍惚不宁了，哪有心思去打仗。说客用手杖敲着地,说:"这样难得的打败曹操、夺取天下的机会,就因为儿子生病而错失。大势已去,真可惜呀!"跺着脚叹着气走了。

一位空军飞行员这样描述他在空中翱翔的感受:"当我从高空往下望,看到人如蚂蚁、屋如火柴盒时,发觉一切事物都是那么的微不足道。下了飞机后,整个人就开朗多了,很多从前想不开的事情,都已不再那么在乎了,也不再那么计较了,因为心境已全然不同。"

当你面对不如意的事,拉高视野,向下望一望时,不觉得那些小事都很好笑吗?想一想,过了一二十年,谁还会记得这些小事呢?

记住,这些小事会把我们绑住,耗损我们的心力,以至于无法专注其他更重要的事情,所以要用旁观者的心情,冷静地看着这些事,超然于这些事情之上。

有时候,我们在小事上消耗了太多的精力,反而无暇注意生命中更美好、更伟大的事物。《忍经·劝忍百箴》中认为:顾全大局的人,不拘泥于区区小节;要做大事的人,不追究一些细碎小事;观赏大玉圭的人,不细考察它的小疵;得巨材的人,不为其上的蠹孔而怏怏不乐。纠缠在小事之中摆脱不出,只会令自己更加苦恼。

有一个心理学家做了一个很有意思的实验。他要求一群实验者在周日晚上,把未来七天所要烦恼的事情都写下来,然后投入一个大型的"烦恼箱"。

到了第二周的星期日,他在实验者面前打开这个箱子,逐一与成员核对每项"烦恼",结果发现其中有九成并未真正发生。

接着,他又要求大家把那一成的字条重新丢入纸箱中,等过了三周,再来寻找解决之道。结果到了那一天,他开箱后,发现剩下的那一成烦恼也已不再是烦恼了。

而要保持这种平静心境,就要学会去注意我们的感觉,注意我们生命的质量,注意人生中最重要的事情。我们停止担忧那些不重要的事情,比如衣服不太合身,交通又堵塞了,有人好像对自己不友好,这次提升没有我,别人买了汽车而自己还没有,等等。我们还要学会不要让生活失去平衡,就是说,不要让工作上的压力影响我们的正常生活。

世间的一些事情不是我们都能掌握主动权或只要努力就能做好的,有许多事我们只能尽到本分,仅此而已。所谓"谋事在人,成事在天",明白了这一点,我们就不会因遭遇外界的压力和痛苦而使自己也变得郁郁寡欢或烦躁不安。对人世间的痛苦我们都会产生反应,这是正常的合乎人性的反应,但我们也要与它保持适当的距离,只有这样,才是对待痛苦的妙方,也是让自己生活得更好的唯一方法。

战胜内疚、忧伤、失败带来的疲惫

没有人愿意和整天怨天尤人、愁眉苦脸的人在一起。在生命中,不要让失败、内疚和悲哀的情绪把你引向绝望。采取积极的行动摆脱它们吧!这样你才能和周围的人和谐地融为一体。

也许,你心爱的人儿离开了你,或者是死神从你手里夺走了她;也许,你被迫离开了一个使你的生存有价值的工作;也许,一个你钟爱的孩子遇到了麻烦；也许，你做了错事，而被内疚的包袱压得喘不过气来……最糟的事情莫过于当这些危机来临时，找不到一个摆脱的办法。我们有种种逃避的方法——饮酒、操起毫无意义的嗜好，或者干脆没精打采地转悠，以消磨时光。

但这都不是最好的方式，我们必须使劲站起来重新开步走。因为我们身体中的每一个细胞都是为了在生命中奋斗而安排的。生命是一支越燃越亮的蜡烛，是一份来自上帝的礼物，是一笔留给后代的遗产。

怎样学会站起来重新走？怎样战胜内疚、忧伤、失败带来的疲惫而热爱生活？怎样坚持到光明重新来临？怎样才能到达那个时刻——在绝望中仍能够说："也许，我能再试一次？"卡耐基提出的建议或许对你有效。

一、原谅自己，也原谅别人

不管造成麻烦的原因是什么，我们总能在自己身上发现一些事实上和想象出来的错误。卡耐基为我们指出了一种治疗我们已犯过错的现成药物——首先，正视它，如果可以弥补，就弥补起来；然后，把自己的过失和错误抛在脑后，用新的计划和新的热情，重新注满生活的水池。

同样，不要责备别人对你做的事。别人对你的伤害，如果是你应得的，就从中学一些东西；如果是委屈的，就忘掉它。

二、恢复自尊

首先要从放弃防御面具开始，我们中的许多人正是戴着它生活的。相信自己的价值；对自己说话要好言好语，响亮而刚强。努力做到对自己像对别人一样宽宏大量。接着，停止"会失败"的考虑，

多想自己拥有的,少想自己缺少的。在失败的深渊中,这是尤为重要的,相信自己能给生活增添一些美的东西。

三、回到众人的世界

我们害怕别人的关心会刺痛我们的伤疤,我们确实需要自我的时光。但我们不能在孤岛上待太长的时间,因为重新生活的道路,最终要通过我们与别人的亲密关系和共同努力才能获得。为了站起来重新走,我们必须爱。没有什么东西比爱更能唤醒那跟随灾难而来的痛苦。

四、伸出手去帮助别人

花时间去帮助别人,借此治疗自己的创伤。

卡耐基曾遇到一个约25岁的年轻人。这个年轻人用全部业余时间为一个青少年组织工作,卡耐基问他为什么这样做。"我17岁时,刚学会开车,"年轻人告诉卡耐基,"撞死了一个横穿马路的男孩。虽然没有人要我赔偿什么,但我悲伤欲绝。直到邻居的一个小孩请我做一个游戏的裁判时,痛苦才止住。帮助这些孩子正是我的需要,它把生活还给了我。"

五、相信奇迹

许多人曾陷于极度迷惘的困境中,可一旦摆脱了它,却得到了意想不到的欢乐和力量。

杰克曾有过一段悲痛的时候,他失去了唯一的儿子吉姆——一个热情、机灵、充满爱心的年轻人。吉姆死后两年,巨大的悲痛还是紧随着他，以至于他决定去苏格兰——在那里他的儿子曾愉快地就读于爱丁堡大学。他试图沿着儿子的足迹，回忆那幸福的时光。

在爱丁堡的一周，杰克哭得死去活来，但最终他还是复苏了。他在这座古老城市里，处处感到吉姆的存在：在儿子住过的用石头围起来的公寓的玫瑰园里；在儿子于各个季节骑自行车领略风和海围绕的小山上……

在那一周里，杰克感到获得了新生，这片古老的土地给了他对新生、奇迹和重新斗争的信念，给了他这样的信心：我们能够战胜一切不幸。

所以，欢迎奇迹的来临吧！准备新生不是一次，而是多次。到生活最接近你的地方去——海边、山巅，倾听它们蕴藏着新生和重回生活的声音。

六、一次迈一步

如果你身上没有出现奇迹，定下心来做接着到来的事情，因为一次只能迈一步。一个人在成年后突然瞎了眼，他绝望了，直至碰到另一个盲人。他对他说："哦，你可以从洗自己的袜子做起。"

七、学会感谢

每天，特别是心绪不好时，寻找感谢的理由："谢谢四季运转无穷无尽；谢谢书本、音乐和促使我们成长的生活之力。"

同时，要注意随时感谢你周围的人。你的感谢会使他们觉得自己对你很重要，相应的，你就会发现自己逐渐变得越来越受欢迎了。

克服无望的心态

很多时候,人们常常为无助、绝望的心情感到烦恼。据医务人员在临床实验中发现,那些对生命充满信心,对未来充满希望的患者往往比失去信心的病人更容易恢复健康。可想而知,对生命或前途失去希望的人,还有什么精神支柱促使他去化解烦恼、努力奋斗呢?在现实中,我们做事之所以半途而废,这其中的原因,往往不是难度大,而是觉得成功无望。确切地说,我们不是因为失败而放弃,是因为无望而失败。

有这样一则寓言:两只青蛙在觅食中,不小心掉进了路边一只牛奶罐里,牛奶罐里还有为数不多的牛奶,但是足以让青蛙们体验到什么叫灭顶之灾。

一只青蛙想:完了,全完了,这么高的一只牛奶罐啊,我是永远也出不去了,于是,它完全没有挣扎,很快就沉了下去。

另一只青蛙在看见同伴沉没于牛奶中时,并没有烦恼、沮丧、害怕,而是不断告诫自己:上帝给了我坚强的意志和发达的肌肉,我一定能够跳出去。它每时每刻都在鼓起勇气,鼓足力量,一次又一次奋起、跳跃——生命的力量与美展现在它每一次搏击与奋斗里。

不知过了多久,它突然发现脚下黏稠的牛奶变得坚实起来。原来,它的反复践踏和跳动,已经把液状的牛奶变成了一块奶酪,不懈的奋斗和挣扎终于换来了自由的那一刻。它从牛奶罐里轻盈地跳了出来，重新回到绿色的池塘里，而那一只沉没的青蛙就留在了那块奶酪里，它做梦都没有想到会有机会逃出险境。

读完这个故事后，我们不难理解，凡是对生命或生存充满了希望的人，就不会对生活中出现的困难和障碍屈服。相反，对生命或生存充满了失望的人，一遇困难和障碍，就会陷入无望的泥潭中，不能自拔。

生活中，希望与失望虽然只有一字之差，但两者产生的结果却有天壤之别。有希望就有收获，没有希望就没有成功的动力。因为失望只能让人丧失信心，而希望却可以点燃激情。

走出自设的阴影

在这世上，人人都会碰到不同程度的麻烦、悲伤与苦恼。乐观的人会自信地面对这一切，从而寻找另一片天空。相反，那些悲观而失落的人将永远在自设的阴影中哭泣。诚然，一个人成长的环境往往会对自己产生某种程度的影响，但这并不代表全部。只要自己稍微改变自己的想法，随时都会有一条宽阔的大道敞开在面前。因此，你要学习适时纠正自己的想法与信念，不要陷入自设的阴影，徒增无谓的烦恼。

一天，有个男孩将一只鹰蛋带回他父亲的养鸡场。他把鹰蛋和鸡蛋混在一起让母鸡孵化，后来母鸡孵化成功，于是一群小鸡里出现了一只小鹰。小鹰与小鸡们一起生活着，极

为平静安适,小鹰根本不知道自己不同于小鸡。

后来,小鹰长大了,发现小鸡们总是用异样的眼神看着自己。它想:我绝不是一只平常的小鸡,我一定有什么不同于小鸡的地方。可是它却无法证明自己的怀疑,为此十分烦恼。直到有一天,一只老鹰从养鸡场上飞过,小鹰看见老鹰自由舒展翅膀,顿时感觉自己的两翼涌动着一股奇妙的力量,心里也激烈地震荡起来。它仰望着高空自由翱翔的老鹰,心中无比羡慕。它想:要是我也能像它一样该多好,那我就可以脱离这个狭小的地方,飞上天空,栖在高高的山顶之上,俯瞰大地。可是,怎么才能够像老鹰一样呢?我从来没有张开过翅膀,没有飞行的经验。如果从半空中坠下来岂不是会粉身碎骨吗?犹豫、徘徊、冲动,经过一阵紧张激烈的内心斗争,小鹰终于决定甘冒粉身碎骨的风险,展翅高飞。

它终于起飞了,飞到了空中。它俯视着这个美丽的世界,感到无比激动。

其实,人生在世,就像这只小鹰一样,如果相信成功,成功总会到来。如果自行设限,失败就在你眼前。烦恼也是如此,你如果总在阴影中徘徊,烦恼就会与你纠缠不清,你如果敢于突破,烦恼就会独自离去。

总之,当你面对生活中的烦恼与不快时,最好不要陷入自设的阴影中,也不要指望别人来替你化解烦恼,驱除不快。只有这样,在人生的考验面前,才能从容不迫,轻松应对。

一个人在自设的阴影中顾影自怜,悲观失望,这对于烦恼的化解是毫无用处的。真正的智者,是那种敢于突破、勇于面对的人。

在现实生活中，这种人也是烦恼最少的人。

不要一条道走到黑

美国铁路两条铁轨之间的标准距离是四英尺（1英尺≈0.30米）八点五英寸（1英寸≈0.03米）。这是一个非常奇怪的标准，为什么有这样一个标准呢？原来这是沿袭英国的铁路标准，那么英国人这个标准是怎么来的呢？原来英国的铁路是由建电车的人所设计的，而这个正是电车所用的标准。

那么，我们再追问一下，电车的铁轨标准又是从哪里来的呢？说起来可笑，原来最先造电车的人以前是造马车的，马车的轮宽就成了电车铁轨的标准。

那么马车为什么要用这个轮距标准呢？因为如果那时候的马车用任何其他轮距的话马车的轮子很快会在英国的老路上撞坏。为什么？因为这些路上的辙迹的宽度是四英尺八点五英寸。

这些辙迹又是从哪里来的呢？答案是古罗马人所定的。因为在欧洲，包括英国的长途老路都是由罗马人为他的军队所铺的，所以四英尺八点五英寸正是罗马战车的宽度。

我们再问一下，罗马人战车的轮距宽度为什么为四英尺八点五英寸呢？原因很简单，这是两匹拉战车的马的屁股的宽度。

下次你在电视上看到美国航天飞机立在发射台上的雄姿时可留意看一下，在它的燃料箱的两旁有两个火箭推进器，这两个推进器是由一家生产硫基橡胶的公司设在犹他州的工厂所提供的。其实这家公司的工程师希望把这些推进器造得大一点，这样容量就可以大

一些。但是他们不可以这么做，为什么？因为这些推进器造好之后要用火车从工厂运送到发射点，路上要通过一些隧道，而这些隧道的宽度只是比火车轨宽了一点，然而我们不要忘记火车轨的宽度是由马的屁股的宽度所设定的。

因此，有人这样推断：可能今天世界上最先进的运输系统的设计是两千年前由两匹马的屁股宽度所决定的。

看看我们的周围吧，有太多相似的事情每天都在发生着。工业社会要求员工按时上下班是因为工厂内的工人要各就各位，生产才可以开始。但管销售的人还是要求销售人员按时上下班，却从来没有想过在公司里端坐的销售人员是毫无生产力的销售人员。

审视一下我们每天在做的事情吧，有多少已经在今天失去了它的意义。生于当今这个日新月异的时代，我们应当静下心来好好地反思一下自己。那些在头脑里根深蒂固的思想、习惯、行为、方式，或许已经成为陈规陋习，阻碍着我们前进的脚步，使我们的思维在不知不觉中变得狭隘。

在现实生活中，在一条路上不断地行走的我们，总是感到路越走越窄，想走出一片崭新的天地似乎不可能了。其实，我们往往忽略了，路的旁边也是路。当我们在惯性思维的引导下沿着那条老路一直往前走时，当然有走烦、走厌、走绝的时候；但如果试着往旁边跨几步，可能就会发现有无数条路，而且条条都是全新的并最终引领我们走向成功。

事实上，很多时候，我们在生活之路上走得不顺，并不是路不够宽阔，而是我们的眼光太狭窄了，我们一条道跑到黑，没有想到，条条大路通罗马。很多条路就在我们的眼皮底下，却被人为地忽视，使自诩聪明的我们成为愚蠢的"经济动物"。

第五章 小改变造就大影响

有一条鱼在很小的时候便被捕上了岸,渔翁看它太小,而且很美丽,便把它当成礼物送给了女儿。小女孩把它放在一个鱼缸里养起来,每天它游来游去总会碰到鱼缸的内壁,心里便有一种不愉快的感觉。

这条鱼越长越大,在鱼缸里转身都困难了,女孩便给它换了更大的鱼缸,它又可以游来游去了。可是每次碰到鱼缸的内壁,它畅快的心情便会暗淡下来。它有些讨厌这种原地转圈的生活了,索性静静地悬浮在水中,不游也不动,甚至连食物也不怎么吃了。

善良的女孩看着它很可怜,便把它放回了大海。它在海中不停地游着,心中却像以前一样不快乐。一天,它遇见了另一条鱼,那条鱼问它:"你看起来怎么闷闷不乐的啊?"它叹了口气说:"啊,这个鱼缸太大了,我怎么也游不到它的边!"

心就是一个人的翅膀,心有多大,世界就会变得多大。如果不能把心中的壁垒打破,即使给你一片大海,你也感受不到那一份自由。只有敞开心灵的栅栏,向所有的人开放,才会获得整个世界。我们要时刻抓住生活中的变化,来改变自己的一生。没有变化的生活,并不一定是最好的。有些人总以为自己的生活不可改变,而从不试图改变一下自己的生活。要知道,美好的生活是靠自己努力得来的。

英国人笛福,一生都在经商,却一无所获,到60岁时仍然不见起色。在一次经商的途中他被推向荒岛,几乎丧命。这次遇险让他心灰意冷,从此绝了经商的念头,于是潜下心来,

把自己的经历写成了著名的《鲁滨孙漂流记》,一举成名。

生活中我们难免有走错路的时候,一时的失败算不了什么,关键是看你能不能审时度势,正确地转变前进的方向,避免陷入绝境,切不可一条道走到黑。

美国的某摩天大厦因为游客的增多终于出现了令人困扰的拥堵问题。为了解决这个问题,工程师决定再修一部电梯。当电梯工程师和建筑师做好一切勘察准备,在现场准备进行穿凿作业时,每天在这里工作的清洁工出来攀谈了。

"你们要把各层地板都凿开?"

"是啊!不然没办法安装。"

"那大厦岂不是要停业好久了?"

"是啊!但是没有别的办法。如果再不安装一部电梯,情况比这更糟。"

"要是我,我就把新电梯安装在大厦外!"清洁工不以为然地说。

就这样,这个"不以为然"的草根智慧,成就了"观光电梯"的盛况。

也许有人会问,论知识水平工程师比清洁工高得多,却为什么想不到这一点呢?说来也不奇怪。原来在这两位工程师的心目中,楼梯不管是木的、混凝土的或电动的,都应是建在楼内之梯。如今要新增电梯,理所当然地也只能建在楼内,楼外连想也没想过。

清洁工人却根本没有这个框框。她所想的是实际问题:怎样使新建电梯不影响公司正常营业,她本人也不致失去工作?于是,便很自然地提出把新电梯建在楼外的构想。

言者无意,听者有心。清洁工的一句话打破了两位工程师的思维习惯,开通了他们的创新思路。世界上第一座在大楼外安装的电梯就这样诞生了。

因此,我们在努力之后却还是没能成功的时候,应该认为另外一条新的道路已展现在我们的眼前了。不要失望,不要气馁,振作起来,沿着这条新的道路轻装前进吧。

换种思路,打开办事新局面

办同样的一件事,心理沟通至关重要,用不同的沟通方式,会有不同的效果。说话的内容固然重要,但是别人的感觉是好还是坏,他听完之后反应如何,和说话的方式也有很大的关系。高明的表达技巧能更容易地办好事情。

在很多人的印象中,解决难题主要靠拼命苦干。他们相信,"只要工夫深,铁杵磨成针",只要不断地投入更多的精力,就能解决难题。殊不知,有很多难题其实可以用改变说话方式来实现。对于那些与自然力之间的较量,当然是以"做"为主;而对于那些与人相处产生的难题,则可以以"说"为主。同样的事情,如果把侧重点改变一下,可能会收到意想不到的效果。

有两个人都是"瘾君子",他们又都是虔诚的基督教徒。在每次做礼拜时,他们都忍不住想抽烟。于是,他们就这一问题去请教牧师。其中一个问:"牧师,我可以在做礼拜的

时候抽烟吗?"牧师说:"做礼拜时一定要心诚,不能吸烟。"另一个人却换了一个侧重点,他问:"牧师,我可以在抽烟的时候做礼拜吗?"牧师毫不犹豫地说:"只要你有诚意,随时都可以做礼拜。"

改变说话的侧重点,能转移对方的注意力。这两个人想达到的目的是一样的,却得到了不同的回答。第一个问话者的侧重点是"抽烟",牧师从布道的严肃性来看,不同意教徒在礼拜时抽烟;第二个问话者的侧重点是"礼拜"。他在说话的时候把词语的顺序调动了一下,句子的重点就完全不同了,牧师的回答也就截然相反了。

同样的一件事情可以用不同的方式来表达,不同的方式会产生不同的效果。在说话之前,应该先想好自己要表达的内容和要表现出来的态度,让自己说的话起到最好的效果。那么,什么样的说话方式可以起到最好的效果呢?

一、当对方有明确的喜好时,用他喜欢的方式来说话

遇到难办的事时,如果能从对方喜好的角度来说话,对方可能更愿意主动改变。

1世纪的维也纳,妇女喜欢戴一种筒高檐宽的帽子。她们进剧院看戏,仍然戴着帽子,挡住了后排人的视线。所以,后面的观众往往不满。剧院在广告牌上写出了大大的广告:"在观看戏剧时,请摘下帽子。"很长时间过去了,这条警示语无人理睬。有一天,剧院经理想出了一个好办法。他在戏剧上映之前,站到台上说:"女士们请注意,本剧院要

求观众一般都要脱帽看戏,但是,年老一些的女士——请听清楚——年老一些的女士,可以不必脱帽。"令人惊讶的是,这场戏剧下来,全场的女性都自觉地把帽子脱了下来。

这位剧院经理根据女性爱美、爱年轻的天性,引导女士们做出选择:承认自己年老,继续戴着帽子;认为自己年轻,取下帽子。女士们在接到这一信息后,谁也不愿意承认自己年纪老,所以纷纷取下了帽子。

二、当他人一意孤行时,巧妙地用危害进行阻止

要解决难题,就要找到说服他人的突破口。这个突破口一般都在对方身上。如果你能从对方的利益出发来考虑问题,找到满足对方利益或者避免损害利益的关键点,就能把这一点作为说服他人的突破口。

> 法国一著名女高音歌唱家有一个美丽的私人园林。每到周末,总会有人到她的园林里去摘花、采蘑菇,有的甚至搭起帐篷,在草地上野营,弄得园林脏乱不堪。
>
> 面对这一苦恼的难题,歌唱家曾让管家在园林四周围上篱笆,并竖起"私人园林,禁止入内"的木牌。但是,这种做法无济于事,园林依然不断遭到践踏和破坏。管家只得向主人请示。歌唱家想了想,让管家做了几个大牌子立在各个路口,上面醒目地写着:"如果在园林中被毒蛇咬伤,最近的医院距此15公里,驾车约半个小时才能到达。"从此,再也没有人闯入她的园林。

三、当他人的意愿与己相反时,用欲擒故纵的方式说服他

当他人的意愿与自己相反时,如果明确地批评或者指责,可能很难解决问题,这时候就可以运用欲擒故纵的方法。

罗宾得了心脏病,需要在家静养。他特意买了一栋安静的小别墅,希望能在那里安度晚年。但是,罗宾很快发现,房子附近的环境并不安静。附近有一些喜欢踢足球的孩子,放学后天天到他家门前的草坪上踢球。孩子们的追逐打闹,使罗宾根本不能好好休息。

罗宾想:"如果我直接让他们到别的草坪上去踢,孩子们肯定不愿意听我的。"于是,他想了另外一种方法。这一天,罗宾特意兴致勃勃地来到草坪上,对孩子们说:"我很喜欢看你们踢足球,我决定给你们奖励。"他给了每个孩子一些钱。孩子们得到意外的收获,踢得更卖力了。在接下来的几天里,孩子们都得到了罗宾的"奖励"。5天后,罗宾对孩子说:"我最近经济有些困难,只能少给你们一些钱了。"孩子们的热情减少了很多。又过了5天,罗宾说:"我没有多少钱了,不能再给你们钱了。"孩子们都很失望,继而气愤地说:"你不给钱,我们才不给你踢球哩!"他们果然再也不去那个草坪上踢球了。

罗宾在处理这件事时,完全掌握了孩子的心理,他用了欲擒故纵的方法,为自己赢得了安静的环境。换种方式说话,其实也就是换种思路思考,换种方式办事。赞美可以激励他人,建议可以让他人多一些选择方式,劝说可以影响他人的决策,批评可能让他人自省。当命令行不通时,可以换成协商或请求;当正面说不通时,可以换成旁敲侧击;当明说没有效果时,可以换成暗示或引导。

总之,不断地变换沟通方式,可以让对方产生新的感觉,也可以为办事打开新的局面。

关键抉择中,要随机应变

"直如弦,死道边;曲如钩,反封侯",这句意味深长的话给我们揭示了一种存在于世间的潜层真理。老实耿直不但做不成事,反而会自身难保,而学会了"曲",倒能风光显贵。由此可见,关键抉择中,脑筋活一点,随机应变是多么重要。

公元前686年,公孙无知反叛,杀死齐襄公,自立为君。一个月后,公孙无知被大臣设计刺死。国不可一日无主。于是,齐国的大臣派人迎接流亡鲁国的公子纠回国继位,鲁庄公亲自率兵护送。效忠公子纠的管仲预计:流亡在莒国的公子小白也可能回齐国争位,为了防止公子小白回到齐国继位,管仲亲自率三十乘兵车去拦截公子小白。在过即墨三十余里的地方,管仲所带的一队人马与公子小白相遇。争斗中,管仲弯弓搭箭,向公子小白射箭,只见小白大叫一声,口吐鲜血,扑倒在车上。此时,管仲才拨转马头,带一行人优哉游哉地护送公子纠回齐国即位,殊不知,当他们到达齐国的边界时,公子小白已抢先一步即位,成了齐国国君,这就是

历史上的齐桓公。管仲和公子纠大为惊愕。原来,管仲的那一箭并没有射中小白,而是射到小白的带钩上,小白趁势咬破舌尖,喷血倒下装死,蒙骗了管仲。然后,公子小白抄近道急奔回国,其谋士鲍叔牙说服了齐国众大臣,登上了王位。

汉朝飞将军李广,也曾用装死术逃脱危险。

一次,李广率部出雁门关抗击匈奴,不幸身负重伤,被匈奴兵俘虏。匈奴兵见李广伤重,便找来一张网,让李广躺在网里,由两匹马抬着,扬扬得意地准备送到单于那里领赏。李广伤势虽重,头脑十分清醒,他想,不能就此做了敌人的俘虏。便闭上眼睛装死,不时偷偷地察看周围的情况。匈奴兵见李广双眼紧闭,声也不吭,以为他因伤势过重昏了过去,也就放松了对李广的监视。过了好一会儿,李广见一位匈奴少年骑着一匹好马走在他的旁边,便趁那少年不备,突然坐起来,纵身跳上那少年的马背,随即夺下少年的弓箭,将其推下马,然后勒转马头,飞奔而去。当随行的匈奴兵回过神来时,李广已冲出一段距离了。匈奴兵急忙围追,李广用夺得的弓箭射杀追兵,一口气跑出很远,终于甩掉了追兵,脱离了危险。

相对于这些大事大人物,在小人物中把随机应变、机灵办事应用得非常活络的要数大太监李莲英了。他的得宠并不是偶然的,也不是没有道理的。

慈禧爱看京戏，常以小恩小惠赏赐艺人一点东西。一次，她看完著名演员杨小楼的戏后，把他召到眼前，指着满桌子的糕点说："这一些赐给你，带回去吧！"

杨小楼叩头谢恩，他不想要糕点，便壮着胆子说："叩谢老佛爷，这些尊贵之物，奴才不敢领，请……另外恩赐点……"

"要什么？"慈禧心情高兴，并未发怒。

杨小楼又叩头说："老佛爷洪福齐天，不知可否赐个'字'给奴才？"

慈禧听了，一时高兴，便让太监捧来笔墨纸砚，举笔一挥，就写了一个"福"字。

站在一旁的小王爷，看了慈禧写的字，悄悄地说："福字是'示'字旁、不是'衣'字旁！"杨小楼一看，这字写错了，若拿回去必遭人议论，岂非有欺君之罪？不拿回去也不好，慈禧一怒就要自己的命，要也不是，不要也不是，他一时急得直冒冷汗。

气氛一下子紧张起来，慈禧太后也觉得挺不好意思，既不想让杨小楼拿去错字，又不好意思再要过来。

旁边的李莲英脑子一动，笑呵呵地说："老佛爷之福，比世上任何人都要多出一'点'呀！"杨小楼一听，脑筋转过弯来，连忙叩首道："老佛爷福多，这万人之上之福，奴才怎么敢领呢！"慈禧正为下不了台而发愁，听这么一说，急忙顺水推舟，笑着说："好吧，隔天再赐你吧！"就这样，李莲英为二人解脱了窘境。

第五章 小改变造就大影响

李莲英的机智在于借题应变，将错就错。这种圆场技术不仅需要智慧，也是与脑子机灵、嘴巴活络分不开的。慈禧常夸他会办事，看来也非虚言。

人活一世，生存环境不断变迁，各种事情接踵而来，墨守成规、只认死理是无论如何都行不通的，而随机应机、机灵通达才是我们立足于世，并且能越来越好的成事法宝。

抛弃旧我，迎接新我

每个人都会有难忘的过去，但人不应该活在过去。如果一个人总是活在过去，就不会对现在有新的认知。要向前看，不要频频回头，不要盯着过去的不幸不放弃。

人要懂得放下，不要与过去纠缠，否则痛苦的只能是自己。不管过去有多么的美好或者多么的痛苦，我们都不要放在心上，因为它们已经成为历史。人不是为了过去而活，也不是为了回忆而活，更不是为了别人而活。我们只有把过去放下，才能迎接新的自我。

一个人如果无法放弃过去，就无法走进智慧的殿堂。人生就是一个不断地告别旧我、迎接新我的过程。

过去就好像是一张过期的支票，我们拿着它根本就没什么用，还不如好好地把握现在，享受今天，眼光向远处看，向未来看。活在过去的人永远是悲剧式的人物，其人生随之也将是悲剧的人生。

超越过去的第一步是不要想着过去，不要让过去损害现在，包括改变对现在所持的态度。如果我们决定把现在全部用于回忆过去、懊悔过去或留恋往日的美好时光，不顾时不再来的事实，希望重温旧梦，我们就是在不断地扼杀现在。因此，我们强调要学会放下过去，向未来看齐。

聪明的人轻装前进，愚蠢的人负重前行。对过去的事情，应该学会放下，不要总是放在心上，成为一个重担，让自己不能轻松面对现实。时常用辉煌的过去与现在相比，虽然有时会激励自己，但是大多数时候会使自己丧失信心。所以，我们应该学会放下过去的成绩和失败，坦然面对现在，专注于未来。正视自己，使自己变得更加自信。当然，过去的一些事情也不能全盘放弃，而是应该学会选择，要从一些事情中汲取经验教训，学会"拿来主义"。

我们现在所读到的《法国革命》是英国史学家托马斯·卡莱尔重新写过的。

当年卡莱尔费尽心血，经过多年的努力，完成了《法国革命》的全部文稿，他将这本巨著的原件送给他的朋友米尔阅读，请米尔批评指教。

谁知隔了没几天，米尔脸色苍白、浑身发抖地跑来，他告诉了卡莱尔一个悲惨的消息。原来《法国革命》的原稿，除了少数几张散页外，已经全被他家的女佣当作废纸丢入火炉化为灰烬了。

失望陡然间充塞于卡莱尔心间。当初他每写完一章，随手就把原来的笔记撕成了碎片，所以没有留下任何记录。但第二天，卡莱尔振作精神，又买了一大沓稿纸，重新写了起来。他知道，只想着那些化为灰烬的原稿是没用的，必须把它从脑子中抛弃掉，才能更好地找到新的自己。终于，卡莱尔再次完成《法国革命》。

只有突破过去的束缚，重新调整自己，向前看，生活中的烦恼才可以一笑而过。要学会抛弃，没什么大不了，最重要的是把握现在，与其想着让周围的事物来适应自己，还不如自己去适应它。

在生活中，我们必须要抛弃旧我，才能迎接新我，才会有更好的明天。

放下身份，路会越走越宽

几千年的封建社会虽然已成为过去，但它所遗留下来的很多思想还影响着我们，其中就有"万般皆下品，唯有读书高"，身为现代的年轻人，千万要摒弃这种思想，因为行行皆会出状元。

有一位大学生，在校时成绩很好，大家对他的期望也很高，认为他必将有一番了不起的成就。

他最终是有了成就，但不是在政府机关或在大公司里有了成就，而是卖蚵仔面卖出了成就。

原来他是在毕业后不久，得知家乡附近的夜市有一个摊子要转让，他那时还没找到工作，就向家人借钱把它买了下来。因为他对烹饪很有兴趣，便自己当老板，卖起蚵仔面来。他的大学生身份曾招来很多不以为然的眼光，但也为他招徕不少生意。他自己从未对自己学非所用及高学低用产生过怀疑。

现在呢，他还在卖蚵仔面，但也搞投资，钱赚得比一般人不知多多少倍。

这位大学生的口头禅和座右铭是："放下身份，路会越走越宽。"

那位同学如果不去卖蚵仔面或许也会很有成就，但无论如何，他能放下大学生的身份，还是很令人佩服的。你不必学他非得去做类似的事情不可，但在必要的时候，应该要有他的勇气。

人的"身段"是一种"自我认同"，但这种"自我认同"也是一种"自我限制"，也就是说"因为我是这种人，所以我不能去做那种事"，而自我认同越强的人，自我限制也越厉害。千金小姐不愿意和女仆同桌吃饭；博士不愿意当基层业务员；高级主管不愿意主动去找普通职员；知识分子不愿意去做"不用知识"的工作……他们认为，如果那样做，就有损他的身份。

并不是说有"身段"的人就不能有得意的人生，但这种"身段"只会让人路越走越窄，在非常时刻，如果还放不下身份，那么会让自己无路可走。像博士如果找不到工作，又不愿意当业务员，那只有挨饿了；如果能放下身份，那么路就越走越宽。

你如果想在社会上走出一条路来，那么就要放下身份，也就是放下你的学历、放下你的家庭背景、放下你的身份,让自己回归到"普通人"。同时，也不要在乎别人的眼光和批评，做你认为值得做的事，走你认为值得走的路。

"放下身份"比放不下身份的人在竞争中有优势：能放下身份的人，他的思考富有高度的弹性，不会有刻板的观念，而能吸收各种资讯，形成一个庞大而多样的资讯库，这将是他的本钱。能放下身份的人能比别人早一步抓到好机会，也能比别人抓到更多的机会，因为他没有身份的顾虑。

从小事中获得大回报

改变,由现在开始

有一位著名的细菌学家,他的实验室有三百多种牛奶的样品,检验工作全是他的女助手独自完成。细菌学家担心她担负不起,于是对她说:"是不是太多了,你做不了?"那位女助手却说:"不算多,我可以一件一件地来处理。"

老子曾说:"合抱之木,生于毫末;九层之台,起于累土;千里之行,始于足下。"一切事物的发展都是从量变开始的,是质变的准备、前提和基础。没有量变,就不可能有质变。而量变到了一定的阶段,就必然会发生质变,从而引起事物的根本性变化。

成功就是一种质变,而为成功所做的一切准备就相当于量变,如果我们没能将它所需的条件准备好,质变又从何而来?反过来说,只要我们一步一步地做好手头的工作,成功必然是一件水到渠成的事。

无论是在事业、生活还是感情方面,任何的改变都是量变的积累,都必须从做好当前的工作开始。

一、每秒走一下

一只新组装好的小钟放在了两只旧钟当中。两只旧钟"滴答"、"滴答"一分一秒地走着。

其中一只旧钟对小钟说:"来吧,你也该工作了。可是我有点担心,你走完三千二百万次以后,恐怕便吃不消了。"

"天哪!三千二百万次!"小钟吃惊不已,"要我做这么大的事?办不到,办不到。"

另一只旧钟说:"别听他胡说八道。不用害怕,你只要每秒'滴答'摆一下就行了。"

"天下哪有这样简单的事情。"小钟将信将疑,"如果这样,我就试试吧。"

小钟很轻松地每秒钟"滴答"摆一下,不知不觉中,一年过去了,它摆了三千二百万次。

每个人都希望梦想成真,成功却似乎远在天边遥不可及,倦怠和不自信让我们怀疑自己的能力,从而放弃努力。其实,我们不必想以后的事,一年甚至一月之后的事,只要想着"今天我要做些什么",然后努力去完成,就像那只钟一样,每秒"滴答"摆一下,成功的喜悦就会慢慢浸润我们的生命。

二、改变从做好当前的工作开始

记得有人说过:"我们每个人在这个世界上都有属于自己的角色,大多数人的角色甚至是微不足道的,许多人因为角色卑微不愿努力去扮演,好高骛远,结果永远令自己失望。事实上,万丈高楼,平地起,我们只有从做好一砖一瓦开始,才能建起金碧辉煌的大厦。"

在美国,有一个叫艾伦·纽哈斯的人。在他9岁的时候,艾伦在南达科他州祖父的农场里开始了自己的第一份工作:赤手去捡牧场上的牛粪。当时,一般的孩子都不乐意干这样的事。可艾伦与众不同,他做得好极了。

就这样,过了一段时间,艾伦的祖母开着福特车来学校接他,并告诉他说:"艾伦啊,祖父将要给你一份新的工作,这是你想要的——你将拥有自己的马匹去放牧,因为去年夏天你捡牛粪时表现得极其出色。"

就这样,他在工作岗位上得到第一次提升,他很开心。一个小小的信念也在他脑袋中生根发芽:"如果你干的是一件恶心的活,那你认真干下去,而且尽量干好,你八成会得到提升,再也不用干那样的活,这比当个无用的人胡混下去强多了。"

从此,他不时在工作中想起这句话。后来,艾伦成为南达科他州一名每星期挣1美元的肉铺帮工,这份工作仍然艰辛,但是他的原则也依然很简单:把手头的事做好,肯定会得到提升,当前的现状就能改变。

后来艾伦成了每星期挣50美元的美联社记者,那信条他一以贯之。很多年过去,他成了年薪150多万美元的大富翁。

艾伦深知此理,将人生每一阶段角色都出色地扮演好,有一天,他就会成为人们羡慕的成功人物。

你我也都能像艾伦一样,扮演好自己的角色,做好眼下需要做的事,之后,等待我们的就是成功的喜悦和幸福。

第六章　小付出带来大收获

付出诚实，赢得尊重

诚实是为人处世的最高品格，也是你在职场中能取得事业成功的必备美德。它能使人了解你，接纳你，帮助你，支持你，使你的事业获得成功，使你受到人们的尊重和敬仰。

从前，有一个贤明而受人爱戴的老国王，他没有子嗣，眼看王位无人可继，他便昭告天下："我要亲自在国内挑选一名孩子做我的义子来继承王位。"

他拿出许多花的种子，分发给每个孩子，并宣布说："谁能用这种子培育出最美丽的花朵，那孩子就是我的继承人。"于是，所有的孩子都对花种进行了精心的培育——播种、浇水、施肥、松土，照顾得十分细心。

其中有一个叫雄日的男孩，整天用心培育花种。但是，10天过去了，半个月过去了……花盆里的种子还没有发芽。雄日很纳闷，就去问母亲。他母亲说："你把花盆里的土换一换，看看行不行？"雄日换了新的土，又播下了种子，但仍不见发芽。

国王规定献花的日子到了，其他孩子都捧着盛开着鲜花

从小事中获得大回报

的花盆涌上街头，等待国王的奖赏。只有雄日站在店铺的旁边，低着头，双手捧着没有花的花盆。

国王见了，便把他叫到面前，问道："你为什么端着空花盆呢？"雄日诚实地将他如何用心培育而种子却不发芽的经过告诉了国王。

国王听完，满心欢喜地拉着雄日的双手说："你就是我忠实的儿子。因为我发给大家的种子都是煮熟了的，根本就发不了芽，开不了花。"

因为诚实，雄日成了国王的继承人。

诚实的人终究会得到人生的奖赏，而不诚实的人，等待他的将是失败，甚至是一无所有。

有的时候，我们会在重要的工作中显示诚信的态度，但却在一些不起眼的小事上为沾得一点小便宜而沾沾自喜，乐此不疲。俗语说："要想人不知，除非己莫为。"诚实是金，别人对你的信任，首先来自于你对别人的诚实。我们所做的每一件事都是一次信誉积累的过程与机会。今天的任何一件背信弃义的行为，都有可能会在日后让我们付出沉重的代价。

有这样一个真实的故事：

某君是国外一所名牌大学的在读博士生，每天都要乘坐地铁往返于学校和自己的住处。他发现地铁并没有设检票口，全凭乘客自觉买票。虽然有时有乘务员查票，但仅仅是抽查其中很少的一部分。于是，某君动起了逃票的心思。在以后的学习期间，某君乘地铁很少购票。

毕业后，他想在德国谋到一份薪水优厚的工作。但他去了多家公司，找了好久，却没有一家公司肯接纳他。他把自己的条件重新审视了一番，自己的毕业成绩很优异，所学专业也很热门，这些公司没有理由把自己拒之门外呀。于是，他决定再去一家公司面试，结果仍然同以前一样。

他实在想不明白，就给其中的一家公司发了一封电子邮件，询问自己不被聘用的原因。对方回复道："你的信用档案里有三次乘地铁逃票的记录，而逃票被抓的概率只有万分之三，那你没有记录在案的又有多少？"

这位留学生怎么也想不到，在自己看来微不足道的逃票行为，却断送了自己大好的就业前程。

人生的每一段经历都是自己书写的档案。其实，在我们的生活和工作中，每一件小事都体现着我们的人格品质，而我们今天种下什么样的种子，明天就会收获什么样的果实。所以，只有在任何事上都诚信，才能获得别人的尊重。

机会常来自额外的工作

很多时候,你费力地去做一些分外的工作,确实像是在做无用功,但从长远看，这种"无用功"对于职场人士是非常有益的，因为这种"无用功"实际上是一种积累，而这种积累是非常宝贵的，因为只要你有心,它们也可以集腋成裘。如果你什么事都做,什么苦都吃,那么，这些积累就会在你身上慢慢积淀成经验，积淀成智慧，积淀成能力，于是，你就比一般的人机会更多，进步更快。比如，你喜

从小事中获得大回报

欢帮助有困难的同事，久而久之你就会交到许多朋友，当你自己一旦遇到困难，这些朋友就会自动来给你帮忙。所以，作为职场人士，你不能小看这种积累。

每个人都希望自己人生价值最大化，但人生价值最大化要靠从小事做起，从现在做起，否则，它仅仅只存在于你的大脑之中，最后流于空想。作为职场中人，你个人价值最大化的目标应该与你所在的企业的目标是统一的。作为企业，它的首要目标当然是利润最大化，而要实现这个目标，企业必须通过向社会提供优质的产品或服务从顾客那里取得利润，使自己发展壮大。企业发展壮大了，它就会向员工提供良好的工资福利待遇。可以说，企业越兴旺，员工的工资和福利越多；反之则越少。所以，企业依赖员工的努力工作，而员工则通过企业的兴旺发达使自己的价值最大化。因此，企业和员工的目标在本质上是一致的。只有通过主动和努力的工作，为企业创造最大价值，你个人的价值才能实现。如果没有企业这个平台，你个人直接去实现所谓"价值最大化"是不现实的，除非你自立门户。

每个人工作的重要目标之一是薪水，但是，作为一个职场中人，工作仅仅是为了赚钱吗？如果工作仅仅是为了赚钱，那么你工作的驱动力也未免太简单了。因此，作为现代意义上的职场中人，不管你是否意识到，你工作的目的绝对不仅仅是为了赚钱！

即使望文生义，在"工作"的"作"字中，也含有"创造"的意思，也就是说，你在工作过程中，不仅你的躯体在"作"，而且你的大脑或精神也在"作"，你工作是为了创造一些新的价值。所以，你工作不仅是为了自己，也是为了他人，是为社会作贡献。

一个公司是一个团队，你的工作质量影响着同事们的工作质量，

156

所以，你必须把自己的工作做到最好。当你把你的工作做到最好时，实际上就是给你的同事作出了贡献，使他也能够把自己的工作做到最好。这样，整个公司的产品就做到了最好。由此，你就为这个社会作出了贡献，这个社会因你的工作而进步，社会越进步，你的生活也就越有意义。

"等价交换"是现代商业社会的一条基本原则，但一些人片面地将"等价交换"的原则理解为老板给你多少薪水，你就给老板干多少活。这样，无形中把自己当作了一匹拉磨的驴：主人喂你多少草料，你就拉多少圈磨。

其实，一个公司并不是一手交钱，一手交货，进行等价交换的农贸市场，它是一个实现自我价值的平台。你通过自己积极主动的工作，为企业作出贡献，企业通过你的工作取得了效益，因此，它除了给你报酬，还给你提供了机会，让你实现自己的理想。所以，如果你对工作总是采取一种应付的态度，能少做就少做，能躲避就躲避，敷衍了事，采取所谓"等价交换"的原则对待自己的工作，那么，企业也就不会给你机会，你只能永远原地踏步。敷衍工作实际就是敷衍自己。

积极主动是职场一种极其珍贵的素质，它能使你变得更加敏捷，更加能干。作为职场人士，你每天多做一点，上司和同事就会更关照你和信赖你，从而给你更多的机会，你就能从竞争中脱颖而出。生活是公平的，你流了多少汗水，就会有多少收获，当你斤斤计较，不肯做一点分外的事时，那么往往会颗粒无收。

任何一个职场中人都不是驴变的，可为什么一定要限制自己的成长，让自己是头永远在原地转圈的驴呢？只要你愿意，你一样有成长的机会！

第六章　小付出带来大收获

每天多做一点点

每天多做一点工作可能会占用你的时间，可是，你的做法会为你赢得良好的声誉，并让他人更需要你。

约翰刚开始在杜兰特手下工作时，职务低微，现在已被杜兰特先生当作左膀右臂，担任其下属一家公司的总经理。他之所以能升迁如此迅速，秘诀就是"每天多做一点"。

约翰自己这样介绍说：

"刚为杜兰特先生工作时，我就注意到，每天所有的人下班后都回家了，杜兰特先生依旧会留在办公室里继续工作到很晚。为此，我决定下班后也留在公司里。是的，确实没有人要求我这样做，但我觉得自己应该留下来，在杜兰特先生需要时为他提供一些帮助。

"工作时杜兰特先生常会找文件、打印材料，以前这些事都是他自己亲自来做。很快，他就发现我时刻在等待他的吩咐，久之逐渐养成让我帮忙的习惯。"

杜兰特先生为何会养成让约翰帮忙的习惯呢？原因在于约翰主动留在公司里，使杜兰特先生随时能够看见他，并能随时随地为他服务。这样做能得到报酬吗？也许不能马上得到。但他获得了更多的展示机会，使自己得到老板的关注，最终获得提升的机会。

尖风公司是一家中型的广告公司，设计部是两男一女的格局。平日里，三个人总是能够在繁忙的工作中，找到偷闲的机会。例如，聊聊电视剧，或者是商场里最新的打折信息等，就这样，三个人也过得优哉游哉。

一天，老板领着一个稚气未退的男孩走进他们的办公室，向他们介绍新同事——应届大学毕业生林。

林来到设计部上班，就像每个新人一样默默无闻、勤勤恳恳地工作着。早上，"元老"们还没到，林就开始打扫办公室。设计部有很多需要跑腿的活儿，以前设计部的人都不愿去做，总是以猜拳的方式来选出谁是那个"倒霉蛋"。但是现在，不用言语，林早就揣起文件，送往了有关部门。而当林跑前跑后的时候，"元老"们按照惯例又将话题扯到别的热点新闻上去了。每当下班的时候，"元老"们都会迫不及待地奔出公司，而林则毫无怨言地收拾着遍地狼藉的办公室。"元老"们还打趣说："新人都是活雷锋嘛。"

没多久，老总开会说设计部是公司的重心，要适当扩容，还要选出一个设计部部长。涉及各自的前途，平时人浮于事的那几个老职员，渐渐地收敛了许多，都想在老总面前留个好印象，以赢得升迁的机会。然而，不久，人选已经张贴在办公室外的公布栏了，是林后来居上了。

从这个事例可以看出，升迁的机会是靠自己把握的。每个年轻人都应当尽力去做一些职责以外的事，而不是像机器一样只做分配给自己的工作。一位著名的企业家说："除非你愿意在工作中超过一般人的平均水平，否则你便不具备在高层工作的能力。"

每天多做一点，初衷可能并非为了获得回报，但往往你会因此而得到更多：在养成了"每天多做一点"的好习惯之后，与身边那些尚未养成此习惯的人相比，你已经占据了优势。这种习惯使你无

论做什么行业,都会有更多的人知道你。

社会在进步,公司在扩展,个人的职责范围也会跟着扩大。不要总拿"这不是我分内的工作"为由来推脱责任。无论是分内还是分外的事,只要是公司发展需要的事都要主动做好。

多干一点就多接近成功一点

如果一个人想要拥有美好富足的生活,就要用勤奋的工作来换取。勤劳的工作态度是获得巨大财富的关键。一个人一旦有了一种不畏劳苦、敢于拼搏、锲而不舍、坚持到底的高贵品质,就一定会成为一个富有的人。一个人要成功,却害怕或不敢或不愿意付出相应的劳动,那就不要渴望财富的垂青。生活是公平的,对于那些懒惰的人来说,富豪榜上不会找到他们的名字。一个小人物,无论从事什么工作,唯有勤劳才能使自己有所成就。较高的工资是每个人都渴望的,它不仅意味着一个人价值的体现,更是一个人成为富豪的起点。可金钱的积累,必须依靠自己的勤奋努力来实现。

如果你还不知道如何去接近成功,就像下面这个小男孩一样,去问问那些成功的人:

曾经有这样一个男孩,他是一个孤儿,每天衣衫褴褛、满身补丁地在大街上讨饭。有天,他突发奇想,跑到摩天大楼的工地向一位衣着华丽的建筑承包商请教:"我该怎么做,长大后会跟你一样有自己的事业,有自己的财富?"

这位建筑承包商本来不想理他,但是看到家伙实在很可怜，于是就回答说："我先给你讲一个三个掘沟人的故事。一个挂着铲子说，他将来一定要做老板；第二个抱怨工作时间长，报酬低；第三个只是低头挖沟。过了许多年，第一个仍在挂着铲子；第二个虚报工伤，找到借口退休；第三个呢？他成了那家公司的老板。你明白这个故事的寓意吗？小伙子，不要多说话，埋头苦干就好。"

小男孩满脸困惑，百思不得其解，只好再请他说明。承包商指着那批正在脚手架上工作的建筑工人，对男孩说："看到他们了吗？这些人都是我的工人。我无法记得他们每一个人的名字，甚至对有些人根本连脸孔都没印象。但是，你仔细瞧他们之中，那边那个晒得红红、穿一件红色衣服的人。他比别人更卖力，做得更起劲。他每天总是比其他的人早一点上工，工作时也比较拼命。而下工的时候，他总是最后一个下班。我现在就要过去找他，派他当我的监工。从今天开始，我相信他会更卖命，说不定很快就会成为我的副手。

"当年，我也是这样走过来的。我非常卖力地工作，表现得比所有人更好。不久，我就出头了。老板注意到我，升我当工头。后来我存够了钱，终于自己当了老板。只要多干一点，总会成为突出的那一个，人们总是会发现你的，这样你就更加接近成功了。"

小男孩明白了这个道理，他放弃了要饭的生涯，开始捡破烂。因为总是起得比别人早，跑得比别人勤，所以每天收入都很可观。后来他用攒的钱买书，再后来有好心人注意到了他，供他上学。他一直勤劳苦干，毫无怨言，所以无论在学校还是在单位他总是最受人注意的那一个。由于他的努

第六章 小付出带来大收获

力,他终于走向了成功。

无论在什么时候,成功只能在行动中产生。在我们自己通向成功的方向上,我们还必须建立自己的目标。然后,把自己量化的目标通过时间划分,一点一点、一步一步有耐心地去实现它。这样,相信我们的人生,肯定会在一条通往成功的路径上前行。而把理想付诸行动,这是成功者的共同经验,也是开发生命的必然要求,你越多地开发生命的宝藏,你就会越明显地感到行动的重要性,开发生命必须落实到实践行动,瞄准你的生命目标,从现在起就开始行动吧。多干一点总是好的,因为这样才会引起人们的注意;多干一点,总会离成功更近一点。

付出一点爱,就可能收获整片天空

有一对贫穷的夫妇,约翰和妻子珍妮。约翰在铁路局干一份扳道工兼维修的活,又苦又累;珍妮在做家务之余就去附近的花市做点杂活,以补贴家用。

冬天的一个傍晚,小两口正在吃晚饭,突然响起了敲门声。珍妮打开门,门外站着一个冻僵了似的老头,手里提着一个菜篮。"夫人,我今天刚搬到这里,就住在对街。您需要一些菜吗?"老人的目光落到珍妮缀着补丁的围裙上,神情有些黯然了。"要啊!"珍妮微笑着递过几个便士,"胡萝卜很新鲜呢。"老人浑浊的声音里又有了几分激动:"谢谢您了。"

关上门,珍妮轻轻地对丈夫说:"当年我爸爸也是这样挣钱养家的。"

第二天，小镇下了很大的雪。傍晚的时候，珍妮提着一罐热汤，踏过厚厚的积雪，敲开了对街的房门。

两家很快结成了好邻居。每天傍晚，当约翰家的木门响起卖菜老人笃笃的敲门声时，珍妮就会捧着一碗热汤从厨房里迎出来。

圣诞节快来时，珍妮与约翰商量着从开支中省出一部分来给老人置件棉衣："他穿得太单薄了，这么大的年纪每天出去挨冻，怎么受得了？"约翰点头默许了。

珍妮终于在平安夜的前一天把棉衣赶做成了。平安夜那天，珍妮还特意从花店带回一枝处理的玫瑰花，插在放棉衣的纸袋里，趁着老人出门卖菜，放到了他家门口。

两小时后，约翰家的木门响起了熟悉的笃笃声，珍妮一边说着"圣诞快乐"一边快乐地打开门，然而，这回老人却没有提着菜篮子。

"嗨，珍妮，"老人兴奋地微微摇晃着身子，"圣诞快乐！平时总是接受你们的帮助，今天我终于可以送你们礼物了。"说着，老人从身后拿出一个大纸袋："不知哪个好心人放在我家门口的，是很不错的棉衣呢。我这把老骨头冻惯了，送给约翰穿吧，他上夜班用得着。还有，"老人略带羞涩地把一枝玫瑰花递到珍妮面前，"这枝花给你，也是插在这纸袋里的，我淋了些水，它美得像你一样。"

娇艳的玫瑰上，一闪一闪的，是晶莹的水滴。

奉献爱心，去爱每一个人，是每个人都很容易做到的事。一句话、

第六章 小付出带来大收获

从小事中获得大回报

一个微笑、一束花就够了,这对我们来说并不损失什么,却可能因此而帮助别人走出困境,同时也美丽了自己的一生,何乐而不为呢?

因为取得成就是个耗费时间的过程,也是众人参与的过程。一个人要是占别人便宜,他未来的机会就要减少,乐意助他一路成功的人的数目也会减少。无数事实也证明,一个人的成就,大致上是与他的施与成正比的。就像艾森豪威尔所说的:"世上没有折扣价买来的胜利。"

在尼泊尔白雪覆盖的山路上,刺骨的寒气伴随着暴风雪,让人很难睁开双眼。有个男人走了很久,都始终看不到人迹,好不容易碰到一个旅行家,两个人自然而然成了旅途上的同伴。有了同伴感觉安心多了,但是为了节省热能,只有默默不语继续往前走。半路上他们看到了一个老人倒在雪地里,如果置之不顾,老人一定会被埋进雪中,就这样冻死。"我们带他一起走吧,先生,请你帮帮忙。"旅行家听到男人的提议很生气地说:"这种恶劣的气候,照顾自己都困难,还能顾得了谁啊!"便独自离去了。

这个男子只好背起老人继续往前走。不知过了多久,他全身被汗水浸湿,这股热气竟然温暖了老人冻僵的身体,老人因此慢慢恢复了知觉。两人将彼此的体温当成暖炉相互取暖,就此忘却了寒冷的天气。

"得救了,老人家,我们终于到了。"远远看见村庄时,男人高兴地对背上的老人说。但是他们来到的村子路口却聚集了一大群人在议论纷纷。到底发生什么事了呢?男人往人群中挤了进去探头一看,原来是有个男人僵硬地倒卧在雪地上。当他仔细观看尸首时，发现冻死在距离村子咫尺之遥的雪地上的男人，竟然就是当初为了自己活命，而先行离开的那个旅行家。

就这样，一个人因为帮助了别人而帮助了自己，而另一个人却因为放弃别人而放弃了自己。"爱别人就是爱自己"，这句很经典的话，其实已说出了人际关系的"核心秘密"——你付出别人所需要的，他们会相对地给予你所需要的。给予就会被给予，剥夺就会被剥夺，信任就会被信任，怀疑就会被怀疑，爱就会被爱，恨就会被恨。生命，也正像是一种回声。你送出去什么它就送回什么，你播种什么就收获什么，你给予什么就得到什么，你帮助的愈多，你得到的也会愈多；而你愈吝啬，也就愈可能一无所得。

有付出才会有收获

"以决心和毅力不断前进。世界上没有任何事物可以敌得过坚持的力量。只有天赋没用，我们可以看到很多有天赋但不成功的人；只有天才的智力也没用，没有发挥出来的天才几乎是个笑柄；只靠教育也不行，世界上充满了有学识但玩忽职守的人。坚持与决心才是全部。"

上面这段话是麦当劳的奠基人之一克罗克说的一段励志的话。克罗克凭借自己不懈的坚持和努力，成功说服了麦当劳兄弟扩大经营，让自己成为这家世界上最大快餐店的合伙人。如果他在第一次被拒绝时就放弃，那么今天，我们就享用不到麦当劳便捷、经济的服务了。

所以，成功终属于坚持到最后的人。

只有那些夜以继日、努力工作、想方设法达到目的的人，才能够建立起真正的人脉网络。而那些一遇到困难就退缩、放弃的人，即便他们拥有一个庞大的社交圈，也无法获得真正的友谊，因为他们没有为友谊付出过任何代价，同样也就无法收获什么有益的东西。

付出和收获是成正比的。

欧玛·波姆贝克成功的故事就很好地说明了这个道理。

欧玛·波姆贝克是全美比较受欢迎的专栏作家之一。她主持的专栏其主要内容都是和那些普通的美国家庭主妇有关的事情。这些家庭主妇有一些共同的特点：她们不再年轻漂亮，不再受人关心和重视；她们将自己的后半生都花在带孩子、照顾宠物、买菜做饭上；她们的工作就是倒垃圾、煮饭、打扫房间；她们担心自己的体重，她们也努力想要保持女性的魅力。

欧玛自己就是一个有着3个孩子的家庭主妇，凭着自己的经验，她对这个题材的把握可谓驾轻就熟，但是在开办之初，她就遇到了一个不小的难题。

当时的报纸大都由一批大男子主义倾向严重的男性编辑把持着，他们根本不相信这种女性题材会对提高报纸的销量有任何帮助。欧玛试图说服这些固执的编辑，让他们相信自己写的东西的确能够引起读者的兴趣。

她想到了一个办法，她设法获得这些固执的编辑们的太太的支持，毕竟大家都是女人，沟通起来要容易得多。凑巧的是，她选择的那份报纸编辑们大多住在一个社区中，而在这个社区有一份很小的周报，欧玛努力去说服这份周报的编辑刊登她的专栏。

欧玛知道，只要她的文章能被刊登出来，尽管只是在这么一个小小的平台上，她的女性读者们一定会认同她，并且与她联系。只要有认同、有联系，她所需要的人脉网络就已经基本成型了。

果然，那些编辑们的太太一接触到她的文字就立刻喜欢上了她。这也影响到那些在报社里不可一世的男人们，她们告诉他们，欧玛的文章值得一读。

结果，仅仅两年之内，欧玛就在全州的报纸上都开设了自己的专栏。

正如欧玛的老朋友安·史蒂芬森说的，欧玛的成功不是偶然的，是她自己为自己创造了机会。她事先已经为实现她的目标做了充分的准备，并成功运用了人际关系的策略，说服了那些本不支持她的人，改变了他们的想法。

欧玛不仅有创意地运用自己的智慧，同时也正是因为她的坚持和努力付出，才让自己进入了原本那个她不可能触及的人脉网络中，所以，她成功了。她收获的是成功的果实。

奶油不会自己浮到顶端，它只会以自己的方式努力向上爬。如果你想得到某些东西，最好的方法就是坚持不懈地努力。因为只有最大限度地付出努力，才能得到最大的收获。

勤奋者的眼里遍地是黄金

在美国西部流传着这样一个故事：

自从传言有人在萨文河床散步时无意发现金子后，这里时常有来自四面八方的淘金者。他们都想成为富翁，于是他们寻遍了整个河床，还在河床上挖出很多大坑。的确，有一些人找到了，但另外一些人因为一无所得而只好扫兴归去。

也有不甘心落空的，便驻扎在这里，继续寻找。彼得·弗雷特就是其中的一员。他在河床附近买了一块没人要的土地，一个人默默地工作。为了找金子，他已把所有的钱都押在这块土地上。他埋头苦干了几个月，直到土地全变成坑坑洼洼，他失望了——他翻遍了整块土地，但连一丁点金子都没看见。

6个月以后，他连买面包的钱都快没有了。于是，他准备离开这儿到别处去谋生。

就在他即将离去的前一个晚上，天下起了倾盆大雨，并且一下就是三天三夜。雨终于停了，彼得走出小木屋，发现眼前的土地看上去好像和以前不一样：坑坑洼洼已被大水冲刷平整，松软的土地上长出一层绿茸茸的小草。

"这里没找到金子，"彼得忽有所悟地说，"但这土地很肥沃，我可以用来种花，并且拿到镇上去卖给那些富人。他们一定会买些花装扮他们华丽的客厅。如果真这样的话，那么我一定会赚许多钱，有朝一日我……"

彼得仿佛看到了将来，美美地撇了一下嘴说："对，不走了，我就在这里种花！"

于是，他留了下来。彼得花了不少精力培育花苗，不久田地里长满了美丽娇艳的各色鲜花。

他拿到镇上去卖，那些富人一个劲地称赞："噢，多美的花，我们从没见过这么美丽鲜艳的花！"他们很乐意花钱来买彼得的花，以使他们的家变得更漂亮。

几年后，彼得终于实现了他的梦想——成了一个富翁。

"我是唯一的一个找到真金的人！"他时常不无骄傲地告诉别人，"别人在这儿找到黄金之后便远远地离开，而我的'金子'是在这块土地里，只有诚实的人用勤劳才能采摘。"

一个勤奋的人会比别人付出得多，那么他自然得到的就多，因为付出和收获是成正比的。对于一个勤奋者来说，遍地都是黄金，因为勤奋是点燃智慧的火把，是打开幸运之门的钥匙。

唯有努力才能拯救自己

一只小蜗牛问妈妈："为什么我们从生下来，就要背负这个又硬又重的壳呢？"

妈妈："因为我们的身体没有骨骼的支撑，只能爬，又爬不快，所以要这个壳的保护！"

小蜗牛："毛虫姐姐没有骨头，也爬不快，为什么她却不用背这个又硬又重的壳呢？"

妈妈:"因为毛虫姐姐能变成蝴蝶,天空会保护她啊。"

小蜗牛:"可是蚯蚓弟弟也没骨头爬不快,也不会变成蝴蝶,他为什么也不背这个又硬又重的壳呢?"

妈妈:"因为蚯蚓弟弟会钻土,大地会保护他啊。"

小蜗牛哭了起来:"我们好可怜,天空不保护,大地也不保护。"

蜗牛妈妈安慰他:"所以我们有壳啊!我们不靠天不靠地,我们靠自己。"

做事也是如此,若想取得事业的成功,都必须依靠自己的不懈努力。如果把自己的成功寄希望于别人身上,也许永远也品味不到成功的甘甜。

有则佛教故事说:

春天的时候,小沙弥问老方丈:"究竟如何入禅呢?我从哪里入手呢?"老方丈默默无语,只是在禅房门前的土壤里埋了一粒夜来香的种子。

初夏的时候,小沙弥问老方丈:"我天天苦读经书,怎么没见有一点儿进步呢?"老方丈用手指了指门外的夜来香——那粒种子已经破土而出,萌发了嫩绿的芽儿。

盛夏的时候,小沙弥问老方丈:"烈日酷暑,蚊虫纷扰,我究竟怎么才能入静、入心呢?"

老方丈一言不发,用手指了指门外的夜来香——烈日下,风尘里,夜来香耷拉着枝叶,萎缩着蓓蕾,静静地面对着现实、默默地积蓄着生机。

第六章 小付出带来大收获

很快地,夏天就过去了,小沙弥心灰意冷,对佛教失去信心,认为自己不可能再开悟了,准备再见老方丈一次,如果还得不到点化,就下山还俗。这天夜里,他迈着沉重的脚步来到老方丈的禅房,非常气馁地说:"我太愚钝了,辜负了师父的栽培,辜负了那些经书,这么长时间都没悟到半点禅机,请方丈开恩,点化我一下吧。如果再不长进,我就下山……"老方丈关切地看了看小沙弥,用平静的口气说:"你能来找我,能多次来讨教,就说明你是有心之人,我看你长进不小,颇具慧根了。再说,无论遇到什么事情,不能总指望别人,得靠自己。""怎么靠自己呢?"小沙弥茫然地自言道。老方丈点亮门外的灯,领小沙弥走出房门,来到那棵早已生长得郁郁葱葱的夜来香前。小沙弥显然很惊讶,脱口说道:"真好看!它怎么都是夜里开花呢?而且下部枝杈上已经有黑色的种粒了!""从春天播下种子,到目前的繁花似锦,从来没人问过它的事,它就在日月轮回、风风雨雨里自个成长起来,而且都是在夜里默默无闻地开花吐蕊……"

小沙弥若有所思地笑了,对老方丈说:"我懂了!参禅要靠自己的努力去取得成功啊!"

不仅参禅如此,做其他任何事情也是这样,都得依靠自己的努力。所谓的"师父领进门,修行在个人",说的就是这个道理。莫向外安心,莫向外求法,依靠自己取得成功,这才是人生永恒的真谛。

美国著名文学家爱默生有句名言"靠自己成功",这句话影响了每一代美国人,企业家吉姆·克拉克也给过年轻人忠告:不要凡事

从小事中获得大回报

都依靠别人,在这个世上,最能让你依靠的人是你自己。在大多数情况下,能拯救你的人,也只能是你自己。

一次,一个独臂的乞丐来到一户人家祈求给他一些钱,可是,女主人并没有马上给钱,而是叫这个人把屋前的一堆砖头搬到后面去。那个独臂的人很恼怒,想这不是为难人吗?女主人看出了他的心思,于是便用一只手搬起几块砖头,快步走到屋后,说:"一只手不也一样可以吗?"乞丐无言以对。所以,他就开始搬砖头了。10分钟、20分钟、半个小时、1个小时……时间一分一秒地过去了。终于,在几个小时后,他总算搬完了。女主人立即递给他一条毛巾,霎时,毛巾变成了黑色。女主人又给了他20块钱,他激动地说了声:"谢谢!"女主人只是淡淡一笑,说了声:"没什么,这是你靠自己的辛劳赚来的。"他顿时感动得热泪盈眶。

十年后,这个独臂人当上了全市最庞大集团的总裁。

既然一个独臂的人都能做到,我们为什么不能呢?

在人生的历程中,幸福生活在很大程度上要依靠人们自身的努力——依靠自己的勤奋、自我修养、自我磨炼和自律自制。

沙诺夫出生于一个犹太人家庭,9岁时随父母移居美国,由于家庭的清贫,没有机会读书。读小学时也不得不利用放学时间及假日做工,挣点钱贴补家用。当他小学快毕业时,父亲积劳成疾,过早地去世了,他只好辍学到社会当童工。

他没有抱怨父母给自己带来这么一种人生局面,而是非常勤恳地工作，把挣得的点滴小钱供家里人糊口，并省下几角钱买书自学。

几经周折，他终于在一家邮电局找到一份送电报的工作。他从此誓言要掌握电报技术，以后当电报业的老板。在今天看来，电报业已落后了，但在20世纪初却是刚问世的先进科技，沙诺夫不但有远见和眼光，而且有决心和毅力攀登这个高峰。

他坚持努力了十多年，把工资收入最大限度地节省下来。他白天卖力工作，晚上读电工夜校，终于获得了老板赏识而逐步得到提升。

后来，他参与创立"美国无线电公司"最后，成为美国无线电工业巨头。

俗话说得好："求神不如求己。"开启你的智慧大门，挥动你的灵巧双手，让努力去创造成功吧！

从现在开始一点也不晚

在过去的岁月里，也许你说不上努力，也谈不上勤奋，常常谩骂、批评、抱怨、四处发牢骚，对自己的工作没有丝毫激情，在生活的无奈和无尽的怨悔中平庸地生活着。

是的，也许你虚度了光阴，甚至华发初生却还一事无成。但是，这并不重要，毕竟那是已经过去的事了，重要的是，从现在开始，你未来的态度将如何？

人的一生就是一个圆，总沉湎于昨天的人，其人生只能是抱残

守缺。因为把目光滞留在昨天，就永远不会有余暇关注今天，更不可能以饱满的热情去创造明天。

古人曾经说过："往者不可谏，来者犹可追。"的确，昨日的阳光再美，也移不到今日的画册。我们为什么不好好把握现在，珍惜此刻的拥有呢？为什么要把大好的光阴浪费在对过去的悔恨之中呢？

覆水难收，往事难追，后悔无益。

人生总有昨天、今天和明天，过去无论成与败，悲与喜，幸福与不幸，无论曾努力还是在混日子，他都只能代表过去，而未来是未定的，未来的状况如何，要靠现在的行动来决定。

1940年，娜西亚出生在美国密苏里州的一个小镇上，她是一个私生女。娜西亚慢慢懂事了，发现自己与其他的孩子不一样：她没有爸爸。小伙伴们不愿意跟她一起玩，还有人投来异样的目光。她不知道这是为什么，感到很迷茫。

娜西亚不知道自己的父亲是谁，一直和妈妈相依为命。上小学以后，她仍然遭遇冷眼，许多人鄙视她，认为她是没有教养的孩子。在这样的环境下，她变得越来越懦弱，越来越封闭，逃避现实，不愿意和人接触。她害怕跟妈妈一起到镇上的集市去，因为在那里总能感到有人在背后指指点点："她是个没有父亲，没有教养的孩子！"

娜西亚14岁那年，镇上来了一个牧师，她的一生从此开始改变了。

一天，其他人都进入教堂以后，娜西亚偷偷地溜了进去，躲在最后排。这时，牧师正在讲："过去不等于未来，即使过去成功了，未来不一定就成功；即使过去失败了，未来也不等于失败。过去的成功或失败，都只是过去的事情，未来是靠现在来决定的。"

牧师的话感动了娜西亚那颗受伤的心灵。娜西亚听得入迷了，她忘记了时间，也忘记了自卑和怯懦。人都走光了，她还没有觉察。这时牧师已经走到她跟前，温和地问："你是谁家的孩子？"

娜西亚十多年来最害怕听到这样的话，这句话就像匕首一样，深深地扎进她流着血的幼小的心房。她开始不知所措了："我……我……"这位牧师好像意识到什么，立刻笑着说："我已经知道你是谁家的孩子了——你是上帝的孩子。"

牧师抚摸着娜西亚的头，语重心长地继续说："你和所有的人一样，都是上帝的孩子！过去不等于未来。不论你过去如何，这都不重要。重要的是你对未来必须充满信心和希望。你现在就可以做决定，做你想做的人。孩子，人生最重要的不是你来自哪里，而是你要走向哪里。只要你对未来充满信心和希望，你现在就会有无穷的力量。"

正是牧师的这番话使娜西亚的心态发生了巨大的变化。若干年后，娜西亚成为一个大公司的总裁。

上面这个故事中出身问题一直困扰着娜西亚，一个牧师的一句话改变了她，她开始懂得过去的不幸只能是过去，未来是要从现在开始自己努力去创造的。

一个外国企业家做洗发水，做了12年都没赚到钱。如

果换作别人别说做12年了，做两年恐怕就要放弃了，但是这个企业家并没有放弃。为什么呢？因为他有坚定的信念，他相信过去不等于未来。他认为人生没有失败，只是自己暂时还没有成功。

终于，他在第13年赚了5000万美元，第14年赚了1亿美元。

昨天不成功，不等于今天不成功，也不等于明天还不成功。只要有目标、有信心，付出辛劳和汗水，也许明天就会一次性把所有的付出全都补偿给你。忘记过去，把握现在，构建未来，这才是一个人的正确选择。

千万不要说时间来不及！

有一个人想学医，可是又犹豫不决，就去问他的一个朋友："再过4年，我就44岁了，能行吗？"

朋友对他说："怎么不行呢？你不学医，再过4年也是44岁啊！"他想了想，瞬间领悟了，第二天就去学校报了名。

是啊，即使你不行动，时间还是无情地流逝，片刻不会停留。那么，何不在这段时间里努力进取，做出成绩来呢？

只要你立刻开始努力，就一点儿也不晚。

第七章 "小舍"能够换来"大得"

舍弃是人生的必修课

鱼和熊掌不可兼得,这是孟子告诫我们的。鱼和熊掌全都要,这是最理想的,但这种可能却是微乎其微;鱼与熊掌选一个去得到,这是理智的,虽然仅得一个,但至少有所得;鱼和熊掌一样也没得到,是悲剧,其原因又多是出自什么都不想放弃,吃着碗里看着锅里,结果是什么也得不到。

生命的每时每刻,我们都会面临两难境地,需要做出抉择,常常是摆在我们面前的两条或两条以上的路,每条路上都有无限风光,可能理性和前人的经验告诉我们最不该走的路上"风景这边独好",更加充满了神秘、新奇、刺激和诱惑。更难的是我们往往不知道每条路收获和风险的比例是多少,选择其中一条,就必须放弃另外一条,这种放弃往往是令人心痛的。

鱼和熊掌似乎比较容易选择,两者相差甚远。可事实上生命中大多数抉择并不简单,总是劝告别人:权衡利弊,把舍与得写在一条线的左右两边,当得大于舍时就做,当得小于舍时就放弃。现实生活远非如此单纯,得与舍是很难做出正确的判断的,何况万事万物都是处于剧烈的变化发展当中,并且还可以相互转化。因为得到的东西,与将因得到而舍去的东西没有太大的距离,于是将舍去的

一切更令人无法忍受。

欧洲有一种鸟叫金雕，它筑巢生活于高山悬崖。金雕一窝只孵出两只幼雏。在食物不足的年代，小金雕就会挨饿，金雕妈妈也只能眼看着孩子饿得嗷嗷叫。到这时，两只小金雕就用力互相挤靠，结果总是相对弱小的那只被挤下山崖摔死。而这时的金雕妈妈又总是容忍这种行为。

人类是难以理解金雕的，但是面对残酷的饥饿环境，金雕必须如此，否则就是全都饿死。岂止金雕，我们人类不也时时面对着痛苦的舍弃吗？拥有是一种幸福，可是有时放弃是为了更好地拥有。生活中，鱼和熊掌是不能兼得的，什么都想拥有，从某种意义上说，无疑是一种沉重的负担，甚至是一种伤害。

善于舍弃是一种境界，是历尽跌宕起伏后对世俗的一种坦然，是饱经人间沧桑之后对财富的一种感悟，是运筹帷幄、充满自信的一种流露。只有在了如指掌之后才会懂得舍弃并善于舍弃，只有在懂得并善于舍弃之后才会获得大成功。

舍弃是一种坦荡的心境和大度的气概。生命里有很多事情都是不尽如人意的，所以我们在很多时候要舍弃。在我们蹒跚学步时如果父母不舍得放开我们的手，说不定我们到现在还不会走路；在我们经历一次成功时，要舍弃我们的骄傲，否则就没有下次的成功；我们受到挫折时，要舍弃挫败感，否则就会活在失败的阴影之下。

舍弃是自然界的规律，舍弃是一种成长方式，一种健康生活的艺术；舍弃，能让我们正确地审视自己；舍弃，是我们人生旅程的一种超越；舍弃，也是一种胸怀，更是一种升华；舍弃是一种睿智，它可以放飞心灵，可以还原本性，使我们真实地享受人生；舍弃是一种选择，没有明智的舍弃就没有选择的余地。

生活要懂得取舍

容易知足的人是快乐的，不断追求的人是勇敢的，懂得取舍的人是伟大的。

生活中有许多已错过的事，现在细细想来，都是徘徊在"取舍"之间。拿捏得当，才是深谙"取舍"的真谛！

人的情感总是希望有所得，以为拥有的东西越多，自己就会越快乐。所以，这一人之常情就迫使我们沿着追寻获取的路走下去。可是，有一天，我们忽然惊觉：我们的忧郁、无聊、困惑、无奈、一切不快乐，都和我们的要求有关，我们之所以不快乐，是因为我们渴望拥有的东西太多了或者太执著了，不知不觉，我们已经执迷于某个事物了。

譬如说，你爱上了一个人，而他却不爱你，你的世界就微缩在对他的身上了，他的一举手、一投足，都能吸引你的注意力，都能成为你快乐和痛苦的根源。有时候，你明明知道那不是你的，却想去强求，或可能出于盲目自信，或过于相信精诚所至、金石为开，结果不断地努力，却遭来不断的挫折。有的靠缘分，有的靠机遇，有的得需要人们能以看山看水的心情来欣赏，不是自己的不要强求，无法得到的就要放弃。

我们在生活中，时刻都在取与舍中选择，但是我们又总是渴望着取，渴望着占有，常常忽略了舍，忽略了占有的反面——放弃。懂得了放弃的真意，也就理解了"失之东隅，收之桑榆"的妙谛。懂得了放弃的真意，静观万物，就能够体会与世界一样博大的境界，我们自然会懂得适时地有所放弃，这正是我们获得内心平衡，获得

快乐的好方法。

生活有时会逼迫你，不得不交出权力，不得不放走机遇，甚至不得不抛下爱情。你不可能什么都得到，生活中应该学会放弃。放弃会使你显得豁达豪爽。放弃会使你冷静主动，放弃会让你变得更智慧和更有力量。

什么应该放弃？放弃失恋带来的痛楚，放弃屈辱留下的仇恨，放弃心中所有难言的负荷；放弃浪费精力的争吵，放弃没完没了的解释；放弃对权力的角逐，放弃对金钱的贪欲，放弃对名利的争夺……一切源于自私的欲望，一切恶意的念头，一切固执的观念都应该放弃。然而，放弃并不是一件很容易的事，需要很大的勇气。面对诸多不可为之事，勇于放弃，是明智的选择。只有毫不犹豫地放弃，才能重新轻松地投入新生活，才会有新的发现和转机。生活中缺少不了放弃，大千世界，取之弃之是相互伴随的，有所弃才有所取。人的一生是放弃和争取的矛盾统一体，潇洒地放弃不必要的名利，执著地追求自己的人生目标。

人生短暂，与浩瀚的历史长河相比，世间一切恩恩怨怨，功名利禄皆为短暂的一瞬，福兮祸所伏，祸兮福所倚。得意与失意，在人的一生中只是短短的一瞬。行至水穷处，坐看云起时。古今多少事，都付于谈笑中。

关于放弃，还有一个古老的故事：

有一个很会游泳的人，有一天他带着很多的银两坐船要到对岸去，船到河中央突然进水，要沉下去了，船上的人都跳下水里逃生了，那个很会游泳的当然也跳下水了，可是等了好长的时间，别人都已经到岸了，那个人还在河中，岸上

第七章 "小舍"能够换来"大得"

就有人问他了,你不是最会游泳的吗?怎么还游得那么吃力?那个人回答说,我是很会游泳,但现在我身上带了很多的银两,所以,游起来当然很吃力了。岸上的人说,那你快把那银两扔了不就得了吗?水里的人回答说,这可是银子,多舍不得啊。岸上的人劝导,你都快生命不保了,还管什么银子?但是,水里的人说什么也不扔掉那银子。一阵水浪扑来,水里的人连他的银子一同沉到了河底。

的确,在人类中,钱确实很重要,拥有钱等于拥有了很多的物质资料,人要生存就必须消耗一定的物质资料,但是,连生命都没有了,其他的物质资料还算得了什么呢?

懂得舍弃,其实就是要懂得如何选择,就是要知道怎样去维护自己更重要的利益。

但是,真正地懂得舍弃,就是件很难的事了,也许在我们自己的生命和金钱发生矛盾时,我们会选择前者,但是当国家的利益和我们自己的利益发生矛盾时,大多数人却很难不选择后者。之所以他们会选择后者,是因为他们认为自己的利益高于国家的利益。实际上,之所以我们常常为"舍弃"而苦恼,也正是因为我们对人生观、世界观、价值观的错误理解导致的。金钱第一者认为,有了金钱就有了一切,所以和金钱矛盾者,均予以坚决消灭,这也正是为什么有那么多奸商存在的原因了;享受第一者认为,人活着就是要享受,正所谓今朝有酒今朝醉,为了享受,什么都不重要,什么都应舍弃,这也正是为什么有那么多腐败官员存在的原因了。

懂得舍弃,珍惜自己。做一个无愧于国家,无愧于人民,无愧于父母,无愧于自己的人。

拿起该拿的，放下该放的

有一天，坦山和尚准备拜访一位他仰慕已久的高僧，高僧是几百里外一座寺庙的住持。早上，天空阴沉沉的，远处还不时传来阵阵雷声。

跟随坦山和尚一同出门的小和尚犹豫了，轻声说道："快下大雨了，还是等雨停后再走吧。"

坦山和尚连头都不抬，拿着伞就跨出了门，边走边说道："出家人怕什么风雨。"

小和尚没有办法，只好紧随其后。两人才走了半里山路，瓢泼大雨便倾盆而下。雨越下越大，风越刮越猛，坦山和尚和小和尚合撑着一把伞，顶风冒雨，相互搀扶着，深一脚浅一脚艰难地行进着，走了半天也没遇上一个人。

前面的道路越走越泥泞，几次小和尚都差点滑倒，幸亏坦山和尚及时拉住了他。走着走着，小和尚突然站住了，两眼愣愣地看着前方，好像被人施了定身法似的。坦山和尚顺着他的目光望去，只见不远处的路边站着一位年轻的姑娘。在这样大雨滂沱的荒郊野外出现一位妙龄秀女，难怪小和尚吃惊发呆。

这真是位难得一见的美女，圆圆的瓜子脸上两道弯弯的黛眉，长着一对晶莹闪亮的大眼睛，挺直的鼻梁下是一张鲜红欲滴的樱桃小口，一头秀发好似瀑布似的披在腰间。然而她此刻秀眉微蹙，面有难色。原来她穿着一身崭新的布衣裙，脚下却是一片泥潭，她生怕跨过去弄脏了衣服，正在那里犯愁呢。

坦山和尚大步走上前去："姑娘，我来帮你。"说完，他伸出双臂，将姑娘抱过了那片泥潭。

以后一路行来，小和尚一直闷闷不乐地跟在坦山和尚身后走着，一句话也不说，也不要他搀扶了。

傍晚时分，雨终于停了，天边露出了一抹淡淡的晚霞，坦山和尚和小和尚找到一个小客栈投宿。

直到吃晚饭，坦山和尚洗脚准备上床休息时，小和尚终于忍不住开口说话了："我们出家人应当不杀生、不偷盗、不淫邪、不妄语、不饮酒，尤其是不能接近年轻貌美的女子，您怎么可以抱着她呢？"

"谁？哪个女子？"坦山和尚愣了一愣，然后微笑了，"噢，原来你是说我们路上遇到的那个女子。我可是早就把她放下了，难道你还一直抱着她吗？"

小和尚顿悟。

生活就是放下和拿起，关键是什么该放下什么该拿起，不该放弃的绝对不能放弃，该放下的一定要放下，这是做人的原则性和灵活性。

珍惜值得珍惜的，舍弃应该舍弃的

人生要学会珍惜。友谊、爱情、荣誉、人格、事业等，一切真善美的东西都需要珍惜，甚至不幸的遭遇、平淡的生活、普通的交往等都孕育着值得珍惜的内容。

人生有时也要学会舍弃。舍弃一支残臂，可以保全整个生命；

舍弃暂时的安逸，可以获得一生的幸福；舍弃一己之私，可以获得天下的大公；舍弃蝇头小利，可以赢得千秋大义。

一个真正有所为的人，在面对抉择时，总是能够做出正确的选择。该舍弃的毫不犹豫坚决舍弃，该珍惜的义无反顾永远珍惜。

瘦削的三闾大夫站在滔滔的汨罗江畔，毅然怀石投江。面对"举世皆浊"的世道，他舍弃了荣华富贵，将自己对国家的赤诚之心珍藏，将芝兰香草般的身躯、"皓皓之白"的人格珍惜！

衣衫褴褛的张骞面对匈奴单于的劝降，毅然选择了不屈，历尽千辛万苦逃出后，依然坚定地继续前行，选择了回归的路。他舍弃了用降敌换来的安逸享乐，将一个大汉使臣的气节珍藏。

然而，珍惜与舍弃错位者也大有人在：秦桧为荣华富贵舍弃了民族道义；玛蒂尔德为虚荣付出了十年艰辛；我们的某些"人民公仆"，抛弃了当初在党旗下的庄严誓言，而将金山、银山珍藏于心；还有一些人，舍弃了纯洁的心灵、高尚的人格，而将物质享受视为至上，甘当金钱的奴隶……正因为如此，他们的行为令人作呕，他们的人生黯然失色。

现实生活中的我们，也总是轻视乃至忽视自己拥有的。一位哲学家不小心掉进了水里，被救上岸后，他说出的第一句话是：呼吸空气是一件多么幸福的事情。空气，我们看不到，日常生活中也很少意识到，但失去了它，才发现，它对我们是多么重要。据说后来那位哲学家活了整整100岁，临终前，他微笑着、平静地重复那句话："呼吸是一件幸福的事。"言外之意，活着是一件幸福的事。缺乏珍惜之心往往使我们感觉不到快乐。

人间有三苦。一苦是：你得不到，所以你痛苦。二苦是：你付出了许多代价，得到了，却不过如此，所以你觉得痛苦。三苦是：你轻易放弃，后来却发现，原来它在你生命中是那么的重要，所以你觉得痛苦。

人间有三乐。一乐是：你得到了，所以你快乐。二乐是：你付出了许多代价，最终得到了，但它是值得的，所以你快乐。三乐是：你很快地放弃没有必要的负担，所以你快乐。

人间的三苦三乐，是我们常有的体验。许多人曾为得到的而快乐，也曾为失去的而难过。不少人曾付出许多的时间和精力追求功名利禄，最终是得到了，后来发现不过是如此。有人为了理想而付出了许多心力，但是至终无怨无悔，因为它是值得的。另一些人，不重视曾拥有的亲情、友情、时间、机会、健康，等到无法挽救时，才发现原来它在自己的生命中是如此的重要，而有人能很快地放弃没有必要的贪心、攀比、嫉妒、仇恨，因而活得自由自在。

珍惜值得珍惜的，舍弃应该舍弃的，值得珍惜的与应该舍弃的因人而异，各人有各人的标准与需求。

在这方面，觉得自己做的还是不够的。好多包袱，应该舍弃的，却是还要放在包里。包里放了旧的东西，就少了新的填充。于是随着新的变成旧的，而旧的却不舍弃，旧的就越来越多。也许哪一天，就会发现一座泰山似的东西压在肩膀上能不累？

很多时候，都有要轻装上阵的思想，这个思想不仅在生活上，学习上，感情上，而且应该贯穿在一个人的一生中，毕竟舍弃就如人的新陈代谢中的细胞的死去，该放手的还是要放手。

珍惜与放弃是一种境界，更是一种智慧，是人生中的坚守与超越。人的一生宝贵且短暂，不过只在挥手之间。得到时及时珍惜，舍弃时坚定果断。珍惜与舍弃看似矛盾对立，但又和谐统一，密切相关。有时舍弃是为了更好地珍惜，有时珍惜是为了不至于舍弃。让我们

学会珍惜，懂得舍弃，把握住正确的航向，让人生之旅闪耀出烁烁光辉。

什么都想要，什么都得不到

有个倒霉的赌徒，运道真是不好，赌钱输了，欠下人家一大笔账。老婆也因此离他而去了，弄得家徒四壁，甚是彷徨。债主又追得紧，他愈发觉得活下去没有意思，不如趁早了断，于是往楼下一跳……

来到了阴间，他指望能投一个好人家，以后好好地过日子。

待到七七四十九日，轮到他的鬼魂去投胎做人了。阎王问他有什么要求。赌鬼说："我要做宰相的儿子，状元的父亲，有万亩良田，要有豪宅，园中遍植花果，要妻妾成群，要有满屋的珠宝、满仓的五谷、满箱的金银，要位列公卿，一生荣华富贵，长命百岁。还有一点，也是最重要的，就是逢赌必赢。"

阎王说："要有这么好的人家，还不如我自己去了，何必让你去投生。"

这时，一个老太婆模样的女鬼哭哭啼啼地来喊冤枉，她也不下跪，还有不少鬼卒伺候着，连阎王老子也恭恭敬敬地下座作揖："给老佛爷请安，老佛爷到底有什么事，还要亲躬敝殿？有事只需打个招呼，小王自会伺候。"

赌鬼一看，心忖："莫非是所传前清的慈禧太后，难道这一百多年了老家伙还没有去投胎做人？"原来是她的尸骨让军阀们扒得乱七八糟,陪葬的珠宝全被盗得一干二净,使得她去投胎也没了母仪天下的威风,连黄泉路上的小客栈也住不起。

阎王听她这么一诉说,刚才那副恭敬相也全没了,一脸铁青,公事公办地喝令道:"那你起码也抓住一些珠宝来阴间呀!"

慈禧说:"哎呀!你这个阴野藩王,还亏你专管死亡,人死时两手都放开了,所谓撒手人寰,叫我怎么抓?"

这时鬼卒们也不客气了,也不扶也不搀了,使得她魂魄无依,摇曳不定。

慈禧位极人皇,连皇帝也要向她屈膝,可谓风光一世,自号老佛爷,死后还不是落得个尸骨散落遍野,珠宝散失殆尽。

正所谓"什么都想要,什么都得不到"。

患得患失,得不偿失

生活中,总是会有这样一些人,他们做什么事情都要再三思量、反复考虑,把方方面面都考虑得十分周全,做完之后又放心不下,如有不妥,就担心把事情办砸,还担心别人对自己的看法,极其重视个人的得与失,心里得不到片刻安宁。这种人的心态其实就是典型的患得患失。患得患失在词典中的意思是:担心得不到,得到了又担心失掉,形容对个人得失看得很重。有一句话说得好:"人生常会有得有失,但不可患得患失。"是的,得与失是每个人都不可避免要面对的问题,但如果你不能以淡然的心态去面对得到和失去,你

就会得不偿失。

患得患失会让一个人为了达到自己的一己之利，打击和排斥异己，甚至不择手段，无所不用其极。而且患得患失的人自己也不会好受，他们活得并不轻松，心里往往承受着比别人大几十倍的压力，弄不好还会落个顾此失彼、前功尽弃的结果。所以，当我们在得与失之间犹豫不决的时候，一定要保持清醒的头脑，不要做锱铢必较、追名逐利之徒。得与失应该用长远的战略的眼光去看才会更有价值和意义，只有那些目光短浅的人，才会只顾眼前利益，而看不见利益背后的隐患，更看不见紧跟在"失去"后面的"得到"。

患得患失是人生的精神枷锁，是附在人身上的挥之不去的阴影，但是现代社会竞争急速加剧，让患得患失的人越来越多，能够从容不迫的人越来越少了。患得患失的人总是怕会失去什么，但其实他什么都得不到，因为什么都不想丢下，就什么都得不到。正如哲学家叔本华说的一句话：患得患失是在痛苦与无聊，欲望与失望之间摇晃的钟摆，永远没有真正满足，真正幸福的一天。

患得患失的人往往做不成大事，顶多也只是做成了一个小掌柜而已，躲在半人高的柜台后面，用漆黑的台面挡住自以为十分高明的算计，为了些许蝇头小利不停地拨弄算盘，可笑的是，他自以为天衣无缝的手段早在一转身之间就把来龙去脉昭告了天下。

一、人生常事——得与失

《孔子家语》里记载着一个故事：有一天，楚王外出游玩，不小心丢了他的弓，于是他手下的人要去找。楚王说："不必了，弓掉了，但总会有人捡到，不管是谁，反正都是楚国人得到，又何必再去找？"孔子听说了这件事，感慨道："可惜呀，楚王的心还是不够大呀！为什么不讲人掉了弓，自然会有人捡到，又何必计较是否楚国人呢？"

"人遗弓，人得之"，这是孔子的理论，应该是对得失最豁达的看法了，但又有多少人能够达到圣人的境界呢？一般情况下，大多数人得到利益时都会喜不自胜，得意之色溢于言表；而失去利益时则会心情沮丧，愤愤不平之色流露于外。这种患得患失的心态终是不可取的，得到固然令人感到欣喜，但当你得到的时候，渴望就不再是渴望了，于是在得到中失去了期盼；而失去虽然令人感到伤感，但当你失去的时候，拥有就不再是拥有了，于是在失去中得到了怀念。所以，得与失本身就是无法分离的。

一个人考虑得越多，就越容易陷入患得患失的圈套里。正如一个人创业一样。刚开始的时候虽然艰难，但下决心的时候却很痛快，因为他不会考虑那么多问题。但是一旦他取得了一些成就，就容易变得犹豫不决、患得患失了，因为他以前白手起家，也就无所谓得与失，现在有了一些基础，当然会害怕失去这个失去那个，在害怕的同时，又期望什么都能得到，到最后落个得不偿失的结局，叫人如何不痛苦呢？

有这样一个老太太，不知为什么，不管是晴天还是阴天她都要痛哭流涕，别人见了都十分不理解，就问她原因。她说："我的儿子是卖雪糕的，所以一到阴天我就担心儿子的雪糕卖不出去，于是就伤心地哭个不停，而我的女儿是卖伞的，所以一到晴天我就担心她的伞卖不出去，也会很悲伤。"人们听了都哭笑不得，对她说："你怎么不这样想：晴天的时候人们都去买你儿子的雪糕了，而阴天的时候人们都去买

第七章 "小舍"能够换来"大得"

你女儿的伞了。晴天阴天不都应该高兴吗？"

这个老太太的想法虽然让人觉得可笑，但现实生活中，像老太太一样患得患失的人有很多，他们对得与失极其敏感，并且为这些终日烦恼着，长此下去，不仅对实际的状况毫无帮助，还有损身心健康。与其担忧会失去，倒不如让它失去好了，如果能换来心情轻松和愉快，不是更好吗？

二、患得患失不可取

在纽约市的中心公园里，每天下午都会有一辆豪华轿车穿过，车里除了司机，还坐着一位无人不知无人不晓的百万富翁。富翁注意到：在公园的长椅上每天都坐着一个衣着破烂的人，令他奇怪的是，他每次都在死死地盯着富翁住的旅馆。富翁对此产生了浓厚的兴趣，一次他要求司机停下车来并走到那个人的面前，说："不好意思，我十分好奇你为什么每天都盯着我住的旅馆看。"

"先生，"这个人答道，"我没钱，也没家，所以每天只得睡在这张长椅上。不过，我每天晚上都梦到住进了那所旅馆。"富翁听了他的话后对他说："那么今晚你一定能如愿以偿，我将为你在旅馆租一间最好的房间，并支付一个月的房费。"

谁知第二天，当富翁再次穿过公园时，他又看到了那个人坐在公园的长椅上望着他的旅馆，富翁十分不解，就问他："你怎么又回来了？难道你对我的安排不满意吗？"那个人答道："不，先生，我十分感谢您为我做的一切。但是当我睡在椅子上梦到睡在旅馆里时，那种滋味妙不可言，一旦我睡在了旅馆里,我就会梦见我又回到了冷冰冰的椅子上,这实在是可怕极了,完全影响了我的睡眠。"

俗话说:"醒着有得有失,睡下有失有得。"这句话用在文中这个人的身上实在是再合适不过了。其实,不管是哪一种生活,都有它的得与失,人生也许是因为有了得失无常才会变得更加美丽。所以我们必须正视得与失,要知道世间万物本来就来去无常,得到的时候要懂得珍惜,失去的时候也不必无所适从。会生活的人失去的多,但得到的更多,如果始终在患得患失的旋涡里打转,最后只能白白耗费自己的人生。

每个人心中都有一座天平,这一端放着"得",另一端放着"失",掌握住了平衡,才不会出现患得患失的心态,刻意去追逐拥有,就很难走出患得患失的误区,只有用一颗平常心去看待身边的万事万物,才是智者之举。

吃亏是一种隐性投资

吃亏是一种投资。你宽容地对待别人,凡事礼让为先,为他人着想,能不计较的不要计较,能成全的就要成全,能帮助的尽量帮助,这就是最好的人情投资。会吃亏的人朋友多,会吃亏的人容易得到别人支持,会吃亏的人办事也自然会比较顺利。

小马的公司最近正在参加一个服装品牌夏季推广会的活动。她很努力,而且她对自己这一次的活动策划很满意。她觉得这次是她在业内崭露头角的机会,所以,她和她的两个搭档加班加点,牺牲了好几个周末。就在她通过一次次的

筛选，快要把项目揽到手的时候，老板让她把这个项目给另一个同事来操作，理由是那个同事与客户的关系更好，把这个项目揽到的把握性更大一些。老板让小马理解，为公司作点牺牲。小马为此心情很不好。

眼看着自己的劳动成果被同事拿走，自己的美好前景化做了泡影，小马感到心里堵得慌。但最后，为了公司的利益，小马还是选择了吃亏，把机会让给了同事。

经过大家的努力，这个项目终于成功了。公司开庆功会，老板没有忘记小马的功劳，而且对她大方的表现很是欣赏，当众夸奖她甘为公司利益牺牲，是最有发展的员工。不久，小马就得到了晋升。

应该说，这种敢于吃亏的美德是现代职场每个白领必备的素质，也是职场竞争中一大护身法宝。当然，如果小马不将自己的作品拱手相让的话，她也有可能揽到这个项目。但是，如果牺牲了团队精神，将来就再也没有人配合她了，在公司里就成了孤家寡人，因此就很难有第二次的成功。

商业俗语说，"钓鱼需长线，有赔也有赚"。对于生意场上的得失，一定要站得高，看得远；千万不要"只见锥刀末，不见凿头方"，只顾一时的利益，从而失去长远的利益。

有一位广东商人张经理，他在陕西铜川开了家机电设备公司。

有一次，一个老客户来买电器配件，遗憾的是，张经理找遍了公司的库存，就是没有这个配件。但是，这位客户着急得很，因为拿不到这个配件，他所在的企业就面临停工，而停工一天的损失将达 5 万多元。

看到客户如此着急，张经理一边安慰，一边承诺一定在一天之内把货搞到。

客户刚走，张经理便亲自出马直奔西安供货方。谁知，西安也没货了。没办法，他只好连夜乘飞机回杭州，然后再叫车赶往广东老家。

来回折腾一番后已经是清晨四五点了。张经理不顾饥饿与疲劳，又在广东联系相关的生产厂家。结果，在连续联系了十几个厂家后，终于让他找到了这个电器配件。

拿到电器配件后，张经理火速打车直奔广东机场，连看望父母的时间都没有。

第二天，当他把货交到客户手中时，客户感动得说不出话来。

但是，这次生意对于张经理来说，却是一桩赔本的生意。因为一个配件才 300 元，利润也就 30 元，但是，张经理却付出了 3000 多元的交通费。从表面上来看，张经理亏了好几千元，但是，他却得到了客户的信任。第二天，客户所在的企业就敲锣打鼓地送来大匾，还带上当地媒体来采访张经理，宣传他这种一心想着客户的事迹。就这样，张经理吃亏待客户的消息在业内广泛流传，张经理生意自然是越来越红火，得到的财富自然比区区几千元的损失要多得多。

一分耕耘一分收获。你要求获得回报没错，但是，你如果过分注重眼前的和金钱上的东西，就有可能适得其反。

事实上，如果你能够平心静气地对待吃亏，表现自己的度量，

往往能够获得他人的青睐，获得经商所需要的人脉资源，从而获得商业上的成功。

世界上没有白吃的亏，有付出必然有回报，生活中有太多的这种事情。如果过于计较，往往得不到他人的支持。如果放开心胸，从长远的角度思考问题，那么吃亏实际上就是一种商业投入，吃亏就是福！

少拿一分，能赢一生

美国成功学家安东尼·罗宾在谈到"华人首富"李嘉诚时说道："他有很多哲理性的语言，我都非常喜欢。有一次，有人问李泽楷，他父亲教了他一些怎样成功赚钱的秘诀。李泽楷说父亲没有教他赚钱的方法，只教了他做人处世的道理。李嘉诚这样跟李泽楷说，假如他和别人合作，如果他拿7分合理，8分也可以，那他拿6分就可以了。"

也就是说：他让别人多赚2分。所以每个人都知道，和李嘉诚合作会赚到便宜，因此更多的人愿意和他合作。你想想看，虽然他只拿6分，但现在多了100个人，他现在多拿多少分？假如拿8分的话，100个人会变成50个人，结果是亏是赚可想而知。

在中国台湾有一个建筑公司的老板，他从一万元起步，做到100亿台币的资产。他是怎么创业成功的？他在别家做总经理的时候，对老板说，假如想要成功的话，应该考虑多让一分利而不是多争一分利。他给老板看一则报道，这则报道就是报道李嘉诚，然后在上面写着："7分合理，8分也可以，那我只拿6分。"他就是用这套李嘉诚哲学，成为一个拥资100亿台币的董事长。

前面提到的安东尼·罗宾，他对李嘉诚的让利理论十分赞赏，并立即应用于实践中，他和任何人合作，一定是用这样的思考模式，因此他的合作伙伴越来越多："有一个经纪人，他有买房子还贷款的压力，而我没有什么压力，但给他的抽成不够，没有办法付贷款。为了帮助他付清贷款，我给他额外的提成。我的另一个合伙人，他也有很多合伙人，但他什么都不懂，我还得教，结果我和他对开分。为了帮助他消除他的生活压力，我愿意多牺牲二十个点。"

台湾企业家、世界"塑胶大王"王永庆也是一个让利专家，他认为，助人等于助自己。

台塑集团公司的管理水平很高，让它的下游客户羡慕不已，建议台塑将自己的管理精华传授给客户，使客户能迅速提高经营管理水平。这项建议反馈到台塑后，王永庆欣然应允，决定开办"企管研讨会"。参加研讨会的学员来自众多行业，都是台塑集团公司的客户，连一些著名企业的老板也报名参加。

台塑企业本着为客户提供管理资讯服务的精神，对学员一律免费。台塑企业除提供教材外，同时免费供应午餐与晚餐。上午、下午各安排一次"咖啡时间"，供应各式餐点。根据台塑总管理处的成本核算，每位学员的花费约为800元台币，总支出达160万元台币。在一般人看来，花钱请别人来学自己的"绝活"，无疑是在干傻事。但王永庆的理念却

是与人有利,自己有利。这正是他的思路与理念出类拔萃之处。

王永庆深知,台塑与下游企业乃是唇亡齿寒的关系,一荣俱荣,一损俱损。因此,他从不利用"龙头老大"的地位为自己争利。相反的,他宁可自己少赚点,也要保障下游企业的利益。有一年,由于世界石油危机和关贸壁垒的盛行,使得国际经济环境恶化,全球塑胶原料价格普遍上扬。按市场常规,台塑此时提价是名正言顺的。但王永庆考虑到下游企业的承受能力,决定降低公司的目标利润,维持原供应价,自行消化涨价成本。有人问他为什么如此大度,他说:"如果赚一块钱就有利润,为什么要赚两块钱呢?何不把这一块钱留给客户,让他去扩大设备,如此一来客户的原料需求量将会更大,订单不就更多了吗?"

让一分利反而十分有利,这一道理看似简单,但许多人一旦利益当前,却无法克服争利之心,从而丧失了长远利益。这正是大人物与小人物的本质差别所在,也是人生成败的秘诀所在。

第八章　小习惯累积大成就

成功常常是惯性使然

成功源于一种习惯。每一个人都可以有美好的将来，只要他肯敲门、肯尝试、肯努力！

虽然成功并不是轻而易举的事，但成功也不是我们想象中的那么难。那些告诉我们成功需要多少素质，需要多少能力，需要这样那样的人，他一定不是一个真正意义上的成功人士，因为成功最主要的一点就是当我们看清楚一件有意义的事情之后，能够踏踏实实、一步一个脚印、锲而不舍地去做，直到成功。

美国人佩特·丝特劳的例了就是很好的证明。

多年前，佩特·丝特劳在机场等待换机时，无论她到酒吧喝一杯威士忌酒或到期刊室看报刊、杂志，都觉得相当不便。因为她必须靠拐杖才能行动，而且当时天气酷热，她感到十分不快，此时她只想好好冲个澡，但这在机场内是办不到的，除非是在饭店。

好不容易到达目的地之后，她将此事全盘告诉她的两个好朋友玛丽安与蒙艾拉，两人大表同情并开玩笑地说：何不为疲倦的旅客提供这类的服务？

数日后，三个人就着手进行使"机场有活力"的计划，计划内容是在机场内设置休闲中心、按摩、淋浴等休闲活动。

"开始时，我们以为这个构想毫无特别之处。"佩特·丝特劳说。但当她们分别打电话到全国的机场饭店、俱乐部，询问有无提供此种运动设施、休闲及淋浴的旅客服务时，都得到同样的答案："没有，但这个构想很好。"

为了更确切地了解这个市场，她们分别到纽约、洛杉矶进行调查。

"我们在调查工作上做得更彻底。"丝特劳笑着说，"我们对于这项事业已彻底地确认，关于将来可能面临的问题，也已准备妥当。"

调查结束后，她们极具自信，于是开始筹集资金，并说服达拉斯国际机场的负责人，开设前所未有的"机场休闲中心"。结果各界反应良好，佩特·丝特劳这份轻松得来的事业，目前已经从国内扩展到全世界。

是的，成功并不像想象中的那么难，它不过是一种惯性使然。成功，其实就是有一个好的想法，然后将它转变为现实。正如一位名人所说："你要信任自己——只要你肯做，你就会做到。每一个人都可以有美好的将来——只要他肯敲门、肯尝试、肯努力！"

从日常习惯能看出未来命运

习惯的养成，好似通过一再的重复，使细绳变成粗绳，再变成绳索。每一次我们重复相同的行为，就增加并强化它，绳索又变成缆绳，再变成链子，最终就成了根深蒂固的习惯，把我们的思想与行为缠得死死的。若是你对失败习以为常，你将易于接受失败的习惯感情，这种感情色彩，将在你所做的一切事情中留下烙印；同样的，如果你能建立起一个成功的模式，你便能够激励起胜利的感情色彩。

从这个意义上说，改变我们的习惯，也就改变我们的命运走向。请相信：我们是习惯的动物，播下一个行动，收获一个习惯；播下一种习惯，收获一种命运。

想要控制命运，改变预设结果，就必须凡事深思熟虑并培养更好的习惯。成功人士之所以达成梦想，就是由于他们培养了千金难买的好习惯。若你也想达到相同的成果，就应该努力培养各种良好的习惯。

卡耐基就有四种良好的工作习惯：消除桌上所有的纸张，只留下和自己正要处理的问题有关的；按照事情的重要程度来做事；当碰到问题时，如果必须作决定，就当场解决，不要迟疑不决；做事要学会如何组织、分层负责和监督，尽可能在有效时间内完成工作。

所有成功人士都有一个共性，那就是，基于良好习惯构造的日常行为规律。成功的运动员、律师、政客、医生、企业家、音乐家、销售员以及所有专业领域中的佼佼者，在他们的身上你都能发现这样一个共性，那就是良好的习惯。正是这些好习惯，帮助他们开发出更多的与生俱来的潜能。

托马斯·爱迪生是一位天才，一位极具天赋的发明家。但是，他却没有把自己的成就归功于天赋或天才，而是把这一切视为坚持和毅力的结果。爱迪生曾这样说过："生活中的很多失败，都是因为人们在决定放弃的时候，并没有意识到自己已如此地接近成功。"

尽管他的天赋让人钦羡，但是，白炽灯泡的诞生还是得益于他的坚忍不拔。在找到合适的灯丝材料之前，爱迪生尝试了一万多次，也失败了一万多次。每当我们打开电灯的时候，面对这一跨时代的伟大发明，我们要感谢的，不仅是爱迪生的天才智慧，更多是爱迪生那永不放弃的习惯。

坚忍不拔更是造就了一位篮球场上的巨星——拉里·伯德。伯德并不是最具运动天赋的人选。然而，正是天赋有限的伯德，率领波士顿凯尔特人队三次登上了总冠军的领奖台，当之无愧地成为历史上最伟大的运动员之一。

既然伯德的天赋有限，那这一切他又是如何做到的呢？是"习惯"。伯德堪称NBA历史上最出色的三分球投手之一，早在加入NBA之前的少年时代，每天早晨，伯德总是先练习500次三分投篮，再去上学。有了这种习惯，不论天赋几分，都有可能成为一个好的三分球投手。拉里·伯德就是这样一位依靠良好的习惯把自己先天的才能和天赋发挥到极致的典范。事实上，贯穿他整个职业生涯的，正是这些帮助他发挥出所有运动潜能的自律的习惯。

让我们来认真思考一下吧：成功人士并不见得比其他人聪明，但是，好习惯让他们变得更有教养、更有知识、更有能力；成功人士也不一定比普通人更有天赋，但是，好习惯却让他们训练有素、技巧纯熟、准备充分；成功人士不一定比那些不成功者更有决心或更加努力，但是，好习惯却加大了他们的决心和努力，并让他们更有效率、更具条理。

好习惯带来高效率

第八章 小习惯累积大成就

每天我们都会有堆积如山的工作要做，尤其是对于许多小公司来说，更是如此。由于公司人员紧缺，常常一个人要管财务还要处理人事……什么时候工作才能做完？

如果想早一点结束工作，留点时间给自己和家人，就要在工作时保持高效，这样才能确保在合理的时间离开办公桌。下面10种小习惯能够让我们如愿。

一、每天都从计划开始

每天在办公桌前坐下，应该做的第一件事是利用15分钟的时间做好一天的工作计划。首先写下任务清单；然后，对清单中的任务进行优先级的划分：哪些工作很紧急重要，哪些工作是今天必须完成的，哪些工作是今后几天内要完成的，哪些是长远的目标；接着，列出计划，明确什么时间段做什么工作。

这样，我们就可以有重点、分急缓地进行工作，将精力和时间都用在最需要它们的工作上，从而避免该做的没做，不该做的做了一堆的情况发生。

二、分派任务

要知道，你不是神，不可能事事亲为，而你也绝对需要同事们的协助。因此，从计划中，找出那些需要同事协助的任务，尽早地通知别人。否则，等想起来了，再找人家，人家可能会因为忙而无法帮你。这样，自己的工作进度就会跟不上要求，甚至有可能被上级批评。因此，每天要尽早分派任务。

三、检查技术设备,准备好需要用的东西

"磨刀不误砍柴工",对电脑和办公设备进行升级可以使你更为有效地工作,不要一会儿缺少这样,一会儿缺少那样,这不仅会使自己又忙又累,而且工作效率也会降低。因此,自己工作所需的东西要准备齐全。

四、控制干扰

这是一个信息透明化的时代。在工作中,我们每天都有可能接到与工作毫不相干的或者不重要的电话、邮件、邀请等。为了免于被它们骚扰,而影响工作效率,我们可以每隔几个小时查阅一次电子邮件;将电话转到语音信箱,只回复那些确有急事的电话,直到下班前1小时再调回来,能够保证在正常工作时专心致志处理紧急事务,使工作效率不被影响。

五、不要在工作时间干私事

许多人习惯在工作的时候分心处理私人事务,比如网上缴费、写感谢卡等。这会影响你的专心程度,工作效率自然就高不起来了。要将这些与工作无关的事情挪到私人时间再处理。私人事务不占用工作时间,工作才不会占用私人时间。

六、依靠和信赖电子邮件

许多日常的交流通过电子邮件就可以完成,不一定非得打电话。使用电子邮件可以使你避免打电话时聊天。充分依靠和信赖电子邮件,既可以达到交流信息的目的,又可以避免将时间浪费在与人闲聊上。

七、利用自动化手段

充分利用办公自动化设备和应用程序来完成工作任务,这样会减少手工操作，使你获得更多的时间。

八、对工作完成情况进行总结

下班前利用几分钟的时间总结工作，看看今天计划的完成情况，如果有不尽如人意的地方，则要考虑原因何在，应该怎样改善。这样一来，第二天的工作效率一定会比今天的高。

只要我们培养起以上这几种习惯，那么我们的工作效率一定会有所提高。

小习惯反映素质的高低

小习惯是对自己综合素质最真实的反映，它是个体区别于他人的特点。一些不经意中流露出来的小习惯和小行为往往能反映一个人深层次的素质，一些不良的小习惯很有可能会影响你的工作和前途。"见微知著"便是这个道理。要有好的发展，先从有一个好的习惯开始。

某跨国公司的总经理想重用一位刚从名校毕业的年轻人，准备先让他去欧洲培训两年，回来后再委以重任。原因是此人气宇轩昂，工作业务方面的知识掌握得很熟练，工作特别努力，在待人接物方面也彬彬有礼。总经理感觉他很有前途，是个可塑之才。

但即将去培训的某一天，总经理偶然走在该职员的后面，看到他有意将掉在路中间的废纸踢向一边，而不是捡起来扔进废物桶里。这可是举手之劳啊！后来，总经理一连好

几天都留意该员工的举动,他发现午餐后,这名职员没有将用完餐后的餐具放在指定的地点……于是总经理很快做出决定,改变了原来去海外培训的员工名单。因为在总经理眼里,这样一个连起码的日常准则都无法自觉遵守,甚至没有公德心的人,又怎么可能成为一名出色的管理者呢?怎么能对一个企业高度负责呢?

这个本在总经理眼中是一个可塑之才的年轻人一下子因为自己的不良习惯而丢掉了发展的机会。

有些人有这样一些不好的工作作风:做事拖拉,工作效率低,老板交代的事情不能及时完成,在老板面前态度傲慢等。这种人不屑于做扫地打水之类的工作,好高骛远,觉得自己应该是做大事的人。实际上,真正让他们去做大事时,他们又根本做不好。这种职员是不可能给老板留下好印象的。一定要切记,小事不小,越是小事,越能从侧面考察出你的工作态度、品德修养。

能够将这些小习惯处理得很好,就说明你具备了成功者的某些特质。

谦虚是一种好习惯

谦虚是一种好品德,也是一种好习惯。

自古以来,中华民族就有谦虚的传统美德,有许多关于谦虚的格言警句启迪着后人,如"谦受益,满招损","谦虚使人进步,骄傲使人落后","虚心竹有低头叶,傲骨梅无仰面花"等。

事实上也是如此，任何一个人，即使他在某一方面已经很精通，也不能说明他彻底精通，更何况相对于无穷的知识海洋了。

著名科学家法拉第晚年时，国家为表彰他在物理、化学方面的杰出贡献，准备授予他爵位，但他回绝了。

法拉第退休后，还常去实验室做一些杂事。

有一天，一位年轻人来实验室做实验，看见一个普通的老人正在扫地，就说："先生，您干这活，挣不少钱吧？"

老人笑了，说："再多一点，我也用得着呀。"

"哦，是吗？先生，怎么称呼您？"年轻人问。

"迈克尔·法拉第。"老人回答。

年轻人吃惊地跳起来，"天哪！您是伟大的法拉第先生！"

"不，不，年轻人，我是平凡的法拉第。"法拉第很严肃地纠正道。

谦虚不仅是一种美德，更是一种人生的智慧，也是一种积极进取的精神。谦虚是进步的动力，如果只看到了自己的成绩，沾沾自喜，自足自满，那就会失去进步的动力。唯有谦虚，才能看清差距，时刻向着实现人生价值的目标奋进。

爱因斯坦是20世纪世界上最伟大的科学家之一，他的相对论以及他在物理学界的其他研究成果是留给人类的一笔取之不尽、用之不竭的财产。然而，即使这样，他还是在有生之年不断地学习和研究。

有个年轻人问爱因斯坦："您在物理学界的地位可谓空

前绝后了,何必再孜孜不倦地学习呢?为什么不舒舒服服地休息呢?"爱因斯坦并没有立即回答这个问题。而是找来一支笔、一张纸,在纸上画上一个大圆和一个小圆,然后对年轻人说:"你看,目前,在物理学这个领域里可能是我比你懂得略多一些。你所知道的是这个小圆,我所知道的是这个大圆,然而整个物理学知识是无边无际的。由于小圆与未知领域接触面也小,感受到自己的未知相应也少;而大圆与未知领域接触面大,所以更感到自己的未知东西多,就会更加努力地去探索。"

由此看来,任何人都没有理由不谦虚,大概相对于宇宙的无穷奥秘来讲,任何博学者都是不及格的。

谦虚是一种良好的习惯,我们要努力养成这种习惯,从而塑造自己的完美人生!

自制的习惯是成功的关键

任何一个成功者都有着非凡的自制力。自制力是一种善于控制自己情绪、支配自己行动的能力,是意志的重要品质之一,有时自制力也是取胜的关键,下面就是一个例子。

三国时期,诸葛亮亲自率领蜀国大军北伐曹魏,魏国大将司马懿采取了闭城休战的策略对付诸葛亮。司马懿认为,蜀军远道而来,军后援助和补给必定不够充足,只要拖延数月,待蜀军的实力消耗殆尽,出兵攻击,肯定能打胜仗。

诸葛亮深知司马懿战术的厉害，几次骂阵，司马懿仍按兵不动。于是诸葛亮就想了一个办法，他派人把一件女人的衣裳送给司马懿，随带了一封信，说："仲达不敢出战，跟女人有什么区别？你若是七尺男儿，就出来交战。不然，就把这件女人衣服送给你穿了。"

看了这封信，司马懿怒火中烧，但诸葛亮的激将法并没有起到作用。他并没有失去控制，而是强压怒火稳住军心，耐心等待。

相持了数月，诸葛亮不幸病逝，蜀军群龙无首，粮草已尽，只好退兵。

就这样司马懿不战而胜。

正是自制力使司马懿取得了战争的胜利。

一个人要成就大的事业，不能随心所欲、感情用事，对自己的言行应有所克制,这样才能使错误得到抑制,才不会偏离成功的轨道。

那么，怎样才能有效地控制自己的言行呢？要具备下面三个条件，才能有效地控制自己。

1. 理智

对事物的认识越正确、越深刻，自制力就越强。人只有在理智的状态下才能正确而深刻地认识事物，对事物有了正确的认识，就不会对自己的言行失去控制了。

2. 意志

有坚强的意志才会有自制力，很难想象一个意志薄弱的人，能够很好地控制自己。

3. 毅力

自制力需要毅力。毅力,可以帮助你控制自己,果断地决定取舍。

自制力是一个人内在的强大力量,是一种掌控情绪的能力。不论是谁,只要能有效地控制自己,就能成就大事。

现在,你就要开始培养自制的习惯。你可以从小事做起,例如,强迫自己每天早晨跑步锻炼,寒暑无阻;每次到超市购物都按计划进行,不再超出购买的预算等。这样,慢慢地你就有自我控制的能力了,也就是一个新的自我了,是一个走向成功的自我。

摒弃令人讨厌的小恶习

在社交活动中,一些被我们忽视的小的坏习惯往往会使我们努力经营的美好形象土崩瓦解,让人对我们退避三舍。因此,下面这些习惯我们一定要戒除:

一、当众掏耳和挖鼻

有的人,闲不住,一空下来就想干点儿什么,恰好挖鼻掏耳最方便,小手指一翘起就可以进行了。然而,在社交场合,这是相当不雅和失礼的,尤其是在餐厅。可以试想一下,当你在吃东西或者喝饮料的时候,旁边有个人又是用指头钻鼻孔,又是用指头掏耳朵的,你难道不会觉得很恶心吗?

二、当众打呵欠

当大家聚在一起讨论事情的时候,尤其是当别人热情洋溢、滔滔不绝地发表自己意见的时候,无论你有多么疲倦,都要按捺住性子,不要呵欠连连。

在社交场合中，打呵欠给人的印象是：你对他人的言行感到不耐烦，而不是单纯的疲倦。这无异于泼人冷水，对人不尊重。因此，一定要控制自己，不然，会惹人家不快、招人讨厌。

三、当众剔牙

宴会席上，吃过东西以后，牙齿里卡有东西的确是很难受的事情，但是，如果你不拘小节地当众剔牙，剔出的碎屑又乱吐一番，就太让人反感了。

四、当众双腿抖动

这种小动作，虽然无伤大雅，但由于双腿颤动不停，会让人视觉不舒服，而且会导致他人对你的负面看法，认为你是个没有定性的人、不足以让人信赖。同样，跷起二郎腿，钟摆似的荡来荡去也是我们应该避免的。

五、留长指甲和指甲有污垢

时下，许多人喜欢把指甲留长，有的是为了漂亮，有的是为了方便剥东西。但是这确实不是一种好习惯，一来，在与人互动，比如握手、拥抱的时候，长长的指甲容易误伤对方；再则，长指甲内容易积蓄污垢，在与人交往时会让自己陷入尴尬的境地。

六、频频看手表

假如你不是要事缠身的大忙人，而且也没有其他重要的约会，那当你与人交谈时，最好少看自己的手表。这样的小动作会使对方认为你还有什么重要的事情，而不愿把谈话继续下去；同时，这个小动作可能引起对方的误会，他会认为你瞧不起人、不尊重人，认为你把同他谈话视为浪费时间，从而为彼此的人际交往增加不必要

的麻烦。

七、以"喂"来喊人

打电话时,我们都习惯"喂"一声之后再进行谈话,这看来也并无不妥。但是通电话与面对面的交往是两回事情。如果平时见到朋友也像接电话一样先来一声"喂",这就有失礼貌了。对方会想:"我又不是小猫小狗,怎么用'喂'来和我打招呼?"显然,这绝对不是我们乐意看到的。因此,要培养自己称呼他人姓或名的习惯,即使不知道对方姓名,也要用"先生"、"女士"这样的称呼。

总之一句话,一定要警惕这些坏习惯,千万不要让他们把你苦心经营的良好形象给毁了。

改变陋习的11个妙招

在日常生活中,坏习惯虽然是不好的习惯,但坏习惯却并不是无法改变的。只要你高度地重视它,持之以恒地摒弃它,就没有不能改变的坏习惯。

任何改变的发生都离不开一个决定性的要素,成功地改掉坏习惯的先决条件便是那高于一切的品质——坚韧。

事实上,改掉坏习惯的能力与自律能力是正比关系。而自律能力的高低可以从坚韧中看出来。正如丘吉尔曾说过的那样:"我们行动时,自律就表现为坚韧。"

要改变坏习惯,我们必须做到以下几点:

1. 认识到自己有什么坏习惯必须改掉

例如使你逃避面对问题的习惯,使家人、朋友或同事厌烦的习惯,你觉得并不能带来愉快但又不能自拔的习惯等,都是必须改掉的坏习惯。

2. 设法改变自己周围的环境

例如在办公桌边挂上悦目的图片,可以引起你对工作的兴趣。

3. 找一些有益的新朋友

例如你要改掉暴饮暴食的习惯,就和饭量小的人一起吃饭;想戒烟就尽量少和"大烟枪"在一起。

4. 一旦有成就马上肯定自己

买点礼物慰劳一下自己,提醒自己正在接近成功。

5. 向别人介绍成果

让自己产生成就感,避免重蹈覆辙。

6. 多参加各种各样的活动

不要把自己的快乐活动限制在你喜欢的那一两项中。

7. 凡事不必看得太严重

从日常平淡的生活中发掘乐趣,与你周围的人共享生活的甜美。

8. 不可不懂装懂

不知道就说不知道,诚恳地问人家,更容易给人亲切感。

9. 学会提问而且问得恰当

问别人私事要适可而止,切不可刨根问底;对别人关切的事能表示关怀;有诚意对他人作进一步的了解。

10. 多提别人好的一面

对人,多提优点,少提缺点。对事,多提光明面,少提阴暗面。指责别人的失败,别忘了提对方曾努力过。

11. 把握机会多交朋友

无论参加任何聚会,都要尽量带给人愉快,不断与人建立新的、

有益的友谊。

当然，要做到这些，我们必须付出努力，拥有坚韧不拔的毅力。坚韧对于改变习惯，实现目标至关重要。

我们每个人都知道改掉习惯是件挺难的事情，而且也很清楚习惯之所以难以改变有着多方面的原因。为了改掉坏习惯，我们必须关注、沟通并训练我们的潜意识，一遍又一遍地加以练习。

树立坚定的信念

拿破仑·希尔曾经说过："信心是心灵的第一号化学家。当信心融入思想里，潜意识会立即拾起这种物质，把它变成等量的精神力量，再转换到无限智慧的领域里促成成功思想的物质化。"

当你面对失败时，当你恐惧、忧郁、悲伤时，最好的办法就是树立足够的自信心，积极摆脱这些困境，重获新生。

驱逐精神上的"擅自占领者"能够帮你重获新生。

缺乏坚定的信念，是很多人的一大通病，但下面这个人不是这样，他把信念作为自己的一面旗帜。

罗杰·罗尔斯是美国纽约州历史上第一位黑人州长。他出生在纽约声名狼藉的大沙头贫民窟。这里环境肮脏，充满暴力，是偷渡者和流浪汉的聚集地。在这儿出生的孩子，耳濡目染，他们从小逃学、打架、偷窃，甚至吸毒，长大后很少有人从事体面的职业。然而，罗杰·罗尔斯是个例外，他不仅考入了大学，而且成了州长。

第八章 小习惯累积大成就

在就职的记者招待会上,一位记者对他提问:是什么把你推向州长宝座的?面对三百多名记者,罗尔斯对自己的奋斗史只字未提,只谈到了他上小学时的校长——皮尔·保罗。

1961年,皮尔·保罗被聘为诺必塔小学的董事兼校长。当时正值美国嬉皮士流行的时代,他走进大沙头诺必塔小学的时候,发现这儿的孩子无所事事。他们不与老师合作,旷课、斗殴甚至砸烂教室的黑板。皮尔·保罗想了很多办法来引导他们,可是没有一个是奏效的。后来他发现这些孩子都很迷信,于是在他上课的时候就多了一项内容——给学生看手相。他用这个办法来鼓励学生。

当罗尔斯从窗台上跳下,伸着小手走向讲台时,皮尔·保罗说:"我一看你修长的小拇指就知道,将来你是纽约州的州长。"当时,罗尔斯大吃一惊,因为长这么大,只有他奶奶让他振奋过一次,说他可以成为五吨重的小船的船长。这一次,皮尔·保罗先生竟说他可以成为纽约州的州长,着实出乎他的预料。他记下了这句话,并且相信了它。

从那天起,"纽约州州长"就像一面旗帜,罗尔斯的衣服不再沾满泥土,说话时也不再夹杂污言秽语。他开始挺直腰杆走路。在以后的40多年间,他没有一天不按州长的身价要求自己。51岁那年,他终于成了州长。

在就职演说中,罗尔斯说:"信念值多少钱?信念是不值钱的,它有时甚至是一个善意的欺骗,然而你一旦坚持下去,它就会迅速升值。"

在这个世界上,所有成功的人最初都是从一个小小的信念开始

的。信念就是所有奇迹的萌发点。

普林斯顿大学一心理学家评论一项有关"期望"的研究时说："期望不仅会影响我们对现实的看法，也会影响现实本身。"

华盛顿大学的一个心理学家发现，乐观者在面对求职遭拒之类的挫折时，多半会拟订行动方案，寻求他人帮忙或忠告。悲观者遇到类似困境，多会试着忘掉一切或认定事情已无挽回余地。而乐观者通常只有在真正无法挽救的情况下，才会出现这种态度。

一个人突破人生局限的前途光明与否，就看他是否有对未来的想法与计划。自身存在一些不足和危机算不了什么，只要有信念，再加上训练，可使你大幅度摆脱和克服自身的危机，从而成就非凡。

做你所爱的，爱你所做的

兴趣是人做事的最初动力，没有兴趣就没有热情，就不会全身心地去投入，事情怎么能做到尽善尽美呢？所有的人都应该扪心自问一下真的打心眼里喜欢自己的工作和所从事的事业吗？

很多人都不知道自己要做什么或者在做一些自己不喜欢做的事。

有一位机械师不喜欢自己的工作，想转行，却迟迟下不了决心，因为他已经干了20几年的机械，如果突然换一份其他工作，会感到很不适应，尽管不喜欢，却无法抛开累积了20多年的机械专业知识。

他想改变，但又抛不开过去的包袱，自然无法突破。

这是个矛盾,既然知道自己再继续做下去也不会有兴趣,就应该果断地做出决定:转行!做自己喜欢的事情毕竟是令人兴奋的,也更容易激发自己的想象力和创造力,并最终取得卓越成就。

做你自己喜欢做的事情,其实是很困难的。大多数的人,多半都在做着他们自己并不喜欢或者讨厌的工作,却又必须逼着自己把讨厌的事情做到最好。他们经常失去动力,时常遇到事业上的瓶颈,而没有办法突破,他们不断地征求别人的意见,却还是照着一般的生活方式进行,凡事没有进展,原地踏步,这些当然不是他们想要的,但是由于种种原因,他们当中却很少有人试着去改变自己的状况。要找出自己真正喜欢的工作,需要先把自己认为理想和完美的工作条件列出来,然后照此去寻找。

一位颇有名气的心理学专家在述说自己最终寻找到自己最喜欢的工作的经历时这样说道:"运动一直是我很喜欢做的事。从小到大,我一直是运动健将,不仅担任过体育股长和篮球、乒乓球队长,也是校田径队的杰出运动员,我曾经想过要如何把兴趣发展成职业,也曾经梦想成为张德培第二。我不断地反问自己:这些真的是我自己想要的吗?我愿意把运动当成我一辈子的终生事业吗?后来我告诉自己:靠体力过生活,并不是我真正喜欢过的生活,虽然我非常喜欢运动。于是,我坚决地爱上了心理学。"

要改变自己目前的状况,要让自己更有自信,要让自己做事更有成效,我们就必须做出更好的决定,采取更好的行动。

有一种力量支撑着人类生生不息地延续了几千年,这种动力是什么?就是爱,爱自己、爱他人、爱天地万物、爱世界上的一切一切。做事业、找工作也需要这种爱,选择你最爱的,爱你所选择的,保证你的人生一定会精彩绝伦!

注重细节赢得上司的喜爱

香港金利来公司曾和一家报社联合举行一次活动,奖品是金利来领带。活动结束后,负责发放礼品的一位女记者把剩下的三条领带交还给了金利来公司。这样一件小事却让金利来公司的总裁曾宪梓感动不已。过了几年,金利来公司全面进入大陆市场,准备再组建一个分公司。在招聘经理的时候,总裁先生首先想到了那位记者。

机会总是青睐有准备的人,而时刻注重细节的好习惯就是很好的准备。好运往往会降临到细心人头上。

一个女孩,相貌平平,就读于一所极普通的中专学校,成绩一般。毕业后,她去一家合资公司应聘,外方经理粗略地看了看她的简历,毫无表情地拒绝了。

女孩把自己的材料收回,站起身来准备走。突然感觉自己的手指被扎了一下,低头一看,果真沁出一颗血珠。原来是凳子上一个钉子露在外面了。

她看见桌子上有一块镇纸石,便拿来用力把小钉子压了下去。而后,冲外方经理微微一笑,轻声告辞便转身离去。

5分钟后,外方经理派人在楼下追上了女孩。她被告知公司已经破格录用她了。

所谓"见微知著",是否注重细节往往直接决定了我们的成败。

精细者往往可以旗开得胜，而粗心者却往往因忽略细节而功败垂成。在职场上，想要得到上司的喜爱，仅仅在原则性问题上不犯错是不够的，还需要在细节与忌讳事项上多下工夫。

一、面对上司时

检查一下自己的衣着和证件佩戴情况，做适当整理。

如果距离远，要用眼神或肢体语言问好致意；近距离，则用礼貌用语主动问好、招呼。

在公众场合遇到上司，切忌热情过度和嘘寒问暖地同上司说个没完；礼貌尊敬地道声好就可以了。

途中碰到上司时，佯装没看见地躲开是绝对不可取的，无论你是出于自惭形秽，还是害怕，又或者是自命清高……碰见上司一定要适度问好。

无论在公司内或公司外，只要上司在场，离开的时候你一定要跟上司招呼一下，"对不起，我先走一步了"或者说"再见"。

不要在公司电梯里或办公室有第三者的情况下与上司谈家常，特别是上司的家事。

二、在工作中

工作时间不要与人闲聊，这样会给上司留下你无所事事、消极影响同事的印象。

即使领导不在，也不要偷懒，上司可以从你的工作成绩判断你有没有在他不在的时候偷懒，如果被戴上"阳奉阴违"的帽子，想得到重用就困难了。

不要把自己淹没在电子邮件和QQ信息中，预留一段时间，一次性处理，否则，容易让上司误认为你在偷懒。

不要在工作时间打私人电话，不要利用公司资源做私人事情。

工作报告要言之有物，要有针对性和价值；不要敷衍。

不要推脱一些你认为烦琐且不重要的工作，要知道，你所有的贡献与努力都不会被永远忽略的。

工作内容不要等安排，要主动找事情做，才有晋升的可能。

三、在制度方面

不要将公司的财物带回家，哪怕是一些公司的闲置品，如废弃的椅子或鼠标垫等。

衣着打扮要合体，不要太过休闲或时尚，只要显得干练、有精神就可以了。

不要仅为了更多的收入，去公司的竞争对手那里做兼职，这对获得上司的信任不利。

不要滥请病假，应考虑到自己缺席给别人带来的影响，如真的需要请假，请一定如实申报。

四、职场人际细节

不要将个人的情绪带到工作中来，影响到与客户、同事的沟通。

不要言而无信，否则会让所有与你工作有关系的人都生活在惶恐之中。

主动迎接挑战

你是否抱怨过工作过于单调、枯燥、缺乏挑战性？你是否觉得一份工作起初得心应手，可后来就觉得无聊乏味了？相信很多人的回答都是肯定的，可事实上果真和大家所想的一样吗？

第八章 小习惯累积大成就

克尔曾经是一家报社的职员。他刚到报社当广告业务员时，对自己充满了信心。他甚至向经理提出不要薪水，只按广告费抽取佣金。经理答应了他的要求。

开始工作后，他列出一份名单，准备去拜访一些特别而重要的客户，公司其他业务员都认为想要争取这些客户，简直是天方夜谭。在拜访这些客户前，克尔把自己关在屋里，站在镜子前，把名单上的客户念了10遍，然后对自己说："在本月之前，你们将向我购买广告版面。"

之后，他怀着坚定的信心去拜访客户。第一天，他以自己的努力和智慧与20个"不可能的"客户中的3个谈成了交易；在第一个月的其余几天，他又成交了两笔交易；到第一个月的月底，20个客户只有一个还不买他的广告。

尽管取得了令人意想不到的成绩，但克尔依然锲而不舍，坚持要把最后一个客户也争取过来。第二个月，克尔没有去发掘新客户，每天早晨，那个拒绝买他广告的客户的商店一开门，他就进去劝说这个商人做广告。而每天早上，这位商人都回答说："不！"每一次克尔都假装没听见，然后继续前去拜访。到那个月的最后一天，对克尔已经连着说了很多天"不"的商人口气缓和了些："你已经浪费了一个月的时间来请求我买你的广告了，我现在想知道的是，你为何要做这件几乎不可能做到的事？"

克尔说："我并没浪费时间，我在上学，而你就是我的老师，我一直在训练自己在逆境中的坚持精神。"那位商人点点头，接着克尔的话说："我也要向你承认，我也等于在

上学，而你就是我的老师。你已经教会了我主动接受挑战这一课，对我来说，这比金钱更有价值，为了向你表示我的感激，我要买一个广告版面，当作我付给你的学费。"

挑战普遍存在于工作当中，在这个百舸争流的竞争时代，挑战更是无处不在。对于所有的职场中人来说，上天都公平地赐予了机遇，只不过机遇潜伏在挑战当中，感受不到挑战存在的员工就不会获得更大的发展机遇。

在工作中认识不到存在挑战的员工大多缺乏足够的工作热情，也缺乏充分的积极性和主动性。他们从来不要求自己尽最大努力把工作做到完美，他们认为只要把老板或上司分配的任务做完就万事大吉了。他们从来没有主动接受挑战的意识，所以即使有一天挑战摆在他们面前，他们也不会想到接受，而是将其拒之千里，最终，成功的机会也被他们关在了门外。

唯有主动迎接挑战才能把握成功的机遇，能否主动迎接挑战是卓越员工与其他员工的一个重要区别。主动迎接挑战体现了卓越员工积极进取的工作精神，也体现了他们敢于迎接挑战的勇气。在迎接挑战的过程中，员工的能力可以得到充分的体现和开发，员工的意志也可以得到足够的锻炼，工作经验也会得到很好的积累，更重要的是，伴随在挑战中的成功机遇也会被他们紧紧抓住。

因此，具有挑战精神的卓越员工总能够获得更多的成功，许多企业在招聘人才时就格外强调"能够主动迎接挑战"或"具有挑战精神"等。

总之，没有主动迎接挑战的勇气，就不会有成功的希望。个人价值的充分体现和提升，需要员工具有这种勇气；企业的发展和进步，需要员工具有这种勇气。在这个弱肉强食、优胜劣汰的竞争社会中，企业需要的是敢作敢当、能为企业创造高效益的狮子，而不是那些唯唯诺诺、只会做好眼前事的绵羊。

第八章　小习惯累积大成就

第九章 小生意收获大财富

大富来自于坚守小利

生活中，很多人都追求暴富，渴望因此而一鸣天下。为此，对于不能暴富、不足以惊人的事，他们不做，而在选择经营项目时，总是绞尽脑汁，结果却往往不尽如人意。他们常常感叹世上没有像样的生意可做。事实上，日积月累，乃万物之道。据有关统计，美国本土1000个百万富翁中，依靠继承、中彩等暴富起来的只有4位，其余的都是通过定期向银行存入现金并稳妥投资积累而成的。

19世纪中期，美国一个州传来发现金矿的消息，许多人认为这是一个千载难逢的机会，于是纷纷前往。年轻的亚默尔也加入了这支庞大的淘金队伍。

淘金梦是美丽的，但做这种梦的人太多了，而金子是有限的，自然也就越来越难淘，淘金者的生活也越来越艰苦。当地气候干燥，水源奇缺，亚默尔经过一段时间的努力，和大多数人一样，没有发现黄金，反而被饥渴折磨得半死。

一天，亚默尔望着水袋中一点点舍不得喝的水，听着周围人对缺水的抱怨，不由突发奇想：淘金的希望太渺茫了，不如去卖水吧。

第九章 小生意收获大财富

于是，亚默尔毅然放弃对金矿的执著，将手中挖金矿的工具变成挖水渠的工具，从远方将河水引入水池，用细沙过滤，制成清凉可口的饮用水，然后把水装进桶里，挑到山谷一壶一壶地卖给找金矿的人。

当时有人曾嘲笑亚默尔，说他胸无大志："千辛万苦到这里来，不挖金子发大财，却干起这种蝇头小利的小买卖？"

亚默尔毫不在意，继续卖他的水。结果，淘金者大都空手而归，有的甚至倾家荡产，亚默尔却靠卖水赚到不少财富，从而拥有了创业的第一桶金。此时，那些曾嘲笑亚默尔的淘金者无不感叹：掘金不如卖水。

"卖水人"一词就是这样来的，它指那能坚守小利，稳步积累每一分财富而逐渐富裕的人。美国的爱德华也是一个"卖水人"。

爱德华开过造纸厂。在大家都认为纸张不再赚钱时，他开始做起了一厘钱的生意。一张四开的纸张，他只赚一厘钱。别人都笑话他，问他成本怎么计算，工人的工资从哪里来？确实，如果只是一厘钱的利润，这些都无从说起。

然而爱德华就这么做下去了，一张纸，赚一厘钱，十张纸赚一分钱，一百张纸赚一毛钱。大家笑他这不是做买卖，而是办福利事业。

可是大家都想错了，如果全美的企业与商店都来卖他的纸，他怎么会不赚钱？最后爱德华凭借一厘钱的生意挤垮了多家造纸厂。

坚守小利，其实坚持的是一种细水长流的道理。据世界心理协

从小事中获得大回报

会测试,敢从小事做起的人,往往胆子才是更大的。因为从小事做起,更需要扎扎实实、勤勤恳恳、点点滴滴的精神,没有一点滑头可耍,没有一点余地可缓冲,所以,也只有最不怕曲折、最能忍耐、最能抵抗打击能力的人,才能由做小事起家。

尽管做好小事不易,但历史上不少大人物当初就是坚守小利,从小事做起的。当今社会,敢于坚守小利,从点滴做起的人,并不是很多,但如果你凡事不怕小、敢于卧薪尝胆,那你这个坚守小利、做小事的人,定会有一番作为。

小生意是穷人致富的阶梯

有些人之所以没有摆脱穷困的命运,很重要的一个原因就是他们对所谓的小钱不屑一顾。殊不知,小钱是大钱的敲门砖,去做赚小钱的生意,你收获到的不仅仅是那点小钱,更重要的是能积累做生意的经验。

在一份外地农民进京的生活调查中表明,从做早餐起家的人数占到了他们初期人数中的30%以上。但是,做早点,对外地进城的农民来说,大多只是一个过渡。他们的心思更多的是盘算着更能赚钱的行当,而不是一心一意地做早点卖包子。

因为做包子的人藏着诸多变数,心猿意马,一般也就做不好包子。于是,一个叫陈世初的农民脱颖而出。

为了蒸好包子,他常去别家的包子铺品尝,琢磨人家的配料。蒸包子时,他要盯着火候,是火大还是火小,什么时间起锅最佳，什么牌子的面粉最适合蒸包子等。几年下来，他对包子的专心到了无以复加的地步。

方圆数千米内，陈世初的包子相当有名，每天都是供不应求。只几年，陈世初的街头包子摊儿变成了百十平方米的包子铺，不仅卖早点，还有中餐和晚餐。慢慢地，陈世初走上了成功之路。

某些人因为穷怕了，总是希望一竿子下去，立即打下红彤彤的枣来，在通往财富的道路上，他们缺乏的是态度和方法。

信息时代，各式各样的财富故事足以让穷人们眼花缭乱。那些金灿灿的信息让人们热血沸腾，仨瓜俩枣的小生意就显得枯燥无味。生意不怕小，就怕做不出自己的特色来，小生意上了轨道之后，完全可以与社会各阶层的人一较短长。

小生意是穷人致富的一辆公交车，虽然速度不一定很快，但是门槛低，行驶平稳，有志于此的人，不必再犹豫了。

生意不怕小，就怕不赚钱

做生意或者发展事业必须要经过一个集腋成裘、积沙成塔的过程，一个高过一个的事业平台的搭建都是在上一个平台或者说起点上发展起来的。而在发展的过程中，面临选择的岔道口时，只要保持冷静，就不难做出理智的选择，走向事业之巅！

"三百六十行，行行出状元。"每一行的状元都不是甘于平庸者，他们往往向众人只可眼望的高处攀登。抢占了制高点，再加上他们

自身的非同一般的素质，成功也就指日可待了。

说到废品回收，人们马上会联想到那些经常遇到的蹬着平板三轮的拾荒者。很多农民进城后别的工作不好找，都在从事这一工作，也有不少人由此摆脱了贫困甚至过上了小康生活。但是能够从中掘取一座金山，开创出一番事业来的则为数不多。史亮能够成功，靠的就是找到一个新的财富起点的能力——在平常之中看到不平常的眼光和把握机会的气度。

史亮最初不得不靠捡拾垃圾维持生计实属无奈之举，但自从半年后靠捡垃圾有了第一笔1000元积蓄后，他就敏锐地发现了其中的发财机会，并将自己的事业建立在垃圾堆上。

捡了一段时间的垃圾后，有心的史亮想到了众多拾荒者都不曾想到的一个问题：花钱收集起来的这么多垃圾到底有什么用？从收购者那里一打听，史亮就发现了其中的门道：这些垃圾中的塑料运到河北文安，铁皮罐、骨头运到天津蓟县，玻璃运到邯郸，纸运到保定，有色金属运到霸县，胶皮鞋底运到定州……灵感来了，史亮想方设法搞到了上述厂家的电话，他很快避开了二道贩子，自己成了垃圾头。

捡垃圾不到一年，史亮就干了人们都没想到的事情，捡了许多年垃圾的长者不无感慨地说，史亮有这样的心思，迟早会脱颖而出。事实也正如此，成了垃圾头的史亮，逐渐将捡垃圾的人组织起来，每50人为一个"舵"，分门别类成立小组，凭着一干人马的苦干，他有了自己的废品回收站。废纸、废铁铝罐、玻璃瓶、塑料器皿、废旧金属等，几乎所有的废弃物品他都收,再经过整理、分类、打包、运送等全部过程,找到末端购买者直销厂家。这样,收入由原来每月的几百元增至几千元。

熟悉垃圾以后,史亮渐渐发现资源回收这个行业有无穷无尽的潜力,所有的垃圾在他眼中全是宝。收购的废品中,有一部分被当作废铁卖的旧自行车,史亮就动起脑子搞起了自行车翻新业务,这样获利更多。之后,他又搞起了废旧轮胎翻新的业务。

到1986年,他索性在长沙市郊河西厂后街租下了十多间房子,对收购来的可利用物资进行第二次加工,然后在市场上出售,生意十分兴隆。从单纯的收废品到废品加工再利用,史亮在收废品的同时,又走上了一条新路。

1990年,史亮根据市场金属铝热销的行情,果断地投资,成立了振欣铝业有限公司,利用废旧金属提炼铝。建业之初,有眼光的史亮抛弃了一般手工作坊炼铝的方式,购回正规设备,花3个月时间,亲自去辽宁本溪学会过硬的技术。当时市场上的铝能卖到1万元/吨,有了先进的技术作保障,史亮无疑抢占了市场的先机。后来,他又根据已成熟的经验,相继投资了废旧轮胎翻新厂和铝合金加工厂;到1995年时,32岁的史亮已经拥有了3个工厂,资产达数百万元。

谁都想抓住改善命运的机会,只是许多人做不到。而许多人做不到的,史亮却做到了。跟废旧垃圾打交道的时间越长,史亮对这一行也就关注得越多。从垃圾中尝到甜头的史亮一直认为,垃圾是放错了地方的宝贵资源。

从小事中获得大回报

史亮的垃圾致富之路,充满了艰辛也充满了魅力。从无到有、从小到大,完成了一个传奇般的创业历程。史亮一开始的起点不可谓不低,但是在低起点的创业过程中他逐步放宽视野,将事业的起点不断垫高,成就了一个低起点创业致富的经典案例。

没有哪个商人一觉醒来就有金山。综观成功商人所走过的路,都是由小及大。就像爬楼梯的人,上得一个台阶才能迈向下一个,财富是一步步积累扩张的,只要你肯走就能通向成功。

很多人把"小钱"不放在心上,甚至不屑一顾。如果把这种思想带入你的生意中,恐怕失败的可能性就非常大,不错,一个大客户也许一次就能带给你10万元的利益,可能是10个小客户累加起来的总和。但是如果你把所有的希望都寄托在大客户身上,你可能就会怠慢小客户。在不知不觉中你的漠视、你的懒怠可能会让你失去10个客户,而这10个小客户有朝一日可能成长为大客户。简单地说,也许你对大钱的追求会让你蒙受和你的追求等量的损失,你对大钱的定义越高,你损失的可能就越多。

"莫以利小而不为"应该成为每一个生意人的座右铭。只有不嫌弃每一分硬币,经过一个积累的过程你才能获得更多。任何一种成功都是从点滴积累起来的,将军要从小兵成长起来,经验要从诸多小事中总结而来,财富必须由小钱累积而成。明智的生意人从来都不会拒绝一笔小生意,他们也会因为善于积累而变得富有;而赚大钱的人却常常在抱怨市场不景气,责怪上天不给自己运气。

当然,所谓的重视不等于锱铢必较。人们常说"越有钱越小气,越小气越有钱",这里的"小气"可以理解为是珍惜小钱。每一个小钱都有它的价值,大富翁尚且看重一枚硬币,涉世未深的普通商人又怎能轻视小钱呢?

商机常常就在细节之中

再坏的时机，也有人赚钱；再好的时机，也有人破产；再坏的事业，也有人成功；再好的事业，也有人失败。

日本有一家叫"阿托搬家中心"的公司，该公司创办于1977年，仅用了9年时间，年营业额就增加347倍，达到140多亿日元，并从一个地区性公司的小型企业，发展成在全国近40个城市拥有分公司或联营公司的大型企业。美国和东南亚一些国家还争相购买它的搬家技术专利。阿托搬家中心的总经理叫寺田千代乃，由于经营上的成功，已成为日本服务业的明星，被评为日本最活跃的女企业家之一。

寺田千代乃生于1947年，学生时代就颇有男孩的气质，曾经是只有男生才能参加的剑道部的成员，她从小就暗下决心，长大要与男人争高低。1968年，她与寺田寿男结婚，他们一起干起了当时比较赚钱的运输业。但好景不长，1973年发生的石油危机使运输业由盛转衰。为了生存，寺田夫妇日夜奔驰在公路上，少睡觉，多付出，但仍逃脱不了破产的厄运。

正当寺田千代乃为今后生计发愁时，报纸上一条简短的消息引起了她的注意。消息中说，日本关西地区每年搬家开支400亿日元，其中大阪市就有150亿日元。寺田千代乃产生这样一个念头：为什么不在这不引人注目的行业上试一试运气？她和丈夫商量后，就决定办一个搬家的专业公司。

搬家的市场虽然相当大,但怎么能把成千上万分散的住户吸引过来呢?做广告可花不起钱,想来想去,她决定利用电话号码簿为自己做不花钱的广告,因为想搬家的人肯定会在电话簿上找运输公司的电话。她了解到日本的电话簿是按行业分类的,在同一行业内,企业的排列是以日语字母为序。所以,她就给自己的公司取名为"阿托搬家中心",使它在同行业中名列首位,查找时很容易发现它。然后,寺田千代乃又在电话局的空白号码中,选了一个又醒目又容易记的号码——0123。

公司开张后,果然生意很红火,许多顾客都打电话提前预约。寺田千代乃经营之初对搬家技术就作过全面的了解,根据顾客的需要,她对搬家技术进行了一系列革新,另外开发出许多附带的服务项目。她抓住顾客珍惜家财和怕家财暴露于外的心理,设计了搬家专用车,把家用器具装在这种车上,既安全可靠,又不会为路人看见。针对日本城市住宅多是高层公寓,寺田千代乃专门设计了搬家专用吊车和集装箱,高层公寓居民搬家时,只要用吊车把集装箱送至窗前即可进行作业。此外,寺田千代乃的阿托搬家中心还提供与搬家有关的服务300多项。例如,日本人有一种传统习惯,因搬家难免会打扰左邻右舍,每逢搬家,都要给邻居送一些点心或面条,以表歉意。但是有时因为忙乱而忘掉这一礼节,阿托搬家中心便可代顾客办理此事。它还为顾客提供消毒、清扫服务;代理因迁居而发生的变更户籍、改换电话、学生转学、报刊投递、结算账目等手续;提供室内设计、代购用品、处理废弃物品、修理门窗家具、调试钢琴等服务。

寺田千代乃的成功吸引了许多人步入搬家行业，他们纷纷模仿寺田千代乃的做法，为了在电话簿上占据显要位置，他们想出了千奇百怪的公司名称。为了迎接各种挑战，寺田千代乃将开发新的服务视为公司经营的最重要的课题。"不创新就要落伍！"她经常告诫公司的职员。寺田千代乃认为，信息时代已经到来，只靠电话号码簿这个廉价方式来宣传已经不够，必须利用影响面最广的电视广告进行宣传。寺田千代乃不惜重价尝试了电视广告，竟然收效显著，阿托搬家中心名声大作，营业额直线上升。

以往搬家总是"行李未到，家人先到"，搬家总是给人留下烦恼的记忆，寺田千代乃决心把它变成终身难忘的旅行。为此，她特地在欧洲定做了一种名为"21世纪的梦"的搬家专用车。这种车长12米，宽12.5米，高13.8米。前半部分为上下两层，下层是驾驶室，上层是一个可以容纳6人的豪华客厅，里面有舒适的沙发、婴儿专用摇篮，还装有电视机、立体组合音响设备、电冰箱、电子游戏机等设施。后半部才是装运行李家具的车厢，载重量为7吨。这种新型搬家专用车通过电视广告向日本全国展示后，各地的搬家预约蜂拥而至。特别是好奇心强的孩子们，他们指名要乘坐"21世纪的梦"搬家车。

寺田千代乃十分重视自己公司的服务质量，把它作为增强与对手竞争能力的最重要手段之一。该公司每完成一宗搬家任务后，都要请顾客填写"完成证明书"，它的背面则是"赔偿请求书"。作业人员如果连续10次向公司交回"完成证明书"，寺田千代乃就亲自奖励给该员工1万日元；如

果出现索赔事故或受到顾客批评，不但得不到奖金，还要被扣罚薪水。这种严格的业绩考核方法使公司员工都把提高服务质量与自己的切身利益紧密联系起来。阿托搬家中心以其优质服务和创新经营，得以在日本众多的搬家公司中脱颖而出，并遥遥领先。

寺田千代乃和她的阿托搬家中心的斐然业绩证明，要善于收集信息，从中发现商机。即使一些不引人注目的行业，抑或还有许多被人瞧不起的新行业，也能创造出杰出的企业家，创造出令人惊叹的奇迹。

从小处赚起才能积累第一桶金

唐代京城中有位窦公，聪明伶俐，极善理财，但他却财力绵薄，难以施展赚钱本领。没有办法，他决定先从小处赚起。

他在京城中四处逛荡，寻求赚钱门路。某日来到郊外，只见青山绿水，风景极美，有一座大宅院，房屋严整。一打听，原来是一权要官宦的外宅。他围着宅院转了一圈，来到宅院后花园墙外。但见一水塘在花园墙外，塘水清澈，邻近小河，有水进，有水出，但因无人管理，显得有点凌乱肮脏。窦公眼一亮，心想：生财路来了，就打听这水塘是谁家的。问出主人后，他与主人寒暄半天，说自己想在城外寻一养鱼池，看中了这个水塘。水塘主人觉得那是块不中用的闲地，就以很低的价钱卖给了他。

窦公买到水塘,存下的钱已用去了大半。又凑借了些,请人把水塘砌成石岸,疏通了进出水道,种上莲藕,放养上金鱼,围上篱笆,种上玫瑰。

第二年春,玫瑰花开,香气四溢,那名权要官宦休假在家,逛后花园时闻到花香,便打听香从何来。仆人们带他到花园后一看,看得他神往不已,心想若能把这圈入花园,那该多好。窦公在旁边看,便凑上前来,躬身施礼,邀这名官宦参观。当官宦极口称赞此处风景美时,窦公立即表示可以把此地奉送。官宦闻言,有点不相信,直到窦公交出地契,才明白这是真的,忙以钱相送,窦公怎么也不收,官宦有些过意不去。

这样一来,两人成了朋友,常在一块儿闲谈。一天,窦公装作无意地谈起想到江南走走,官宦忙说:"我给您写上几封信,让地方官吏多加照应。"

窦公带了这几封信,往来于几个州县,贱买贵卖,又有官府撑腰,不几年便赚了大钱。而后又回到京师,准备干一番大事业。

他久已看中皇宫东南处的一大片低洼地,心中有一套干大事业的计划,但只因资金不足,便搁置了。如今有了钱,他便回来实施计划了。

那里因地势低洼,所以地价并不贵。窦公买到手之后,雇人从邻边高地取土填平,然后在上面建筑馆驿,专门接待外国商人,并极力模仿不同国度的不同房舍形式和招街方式。所以一经建成,便顾客盈门,连那些遣唐使们也乐意来

第九章 小生意收获大财富

往。同时又辟出一条街来，多建妓馆、赌场甚至杂耍场，把这条街建成"长安第一游乐街"，日夜游人爆满。

不出几年，窦公挣的钱数也数不清，成了海内首富。

可见，做生意要学会从小处做起，积累人生第一桶金。

用小鱼钓大鱼

英国军事家李德·哈特在《间接路线战略》一书中这样写道：在战略上，最漫长的迂回道路，常常是达到目的的最短途径。

商场如战场，"小鱼钓大鱼"赚钱法与军事上的迂回战术有着异曲同工之妙。对于小本经营者来说，投入少量的成本，可以有利于周转资金；给顾客很小的优惠，可以刺激顾客的购买欲望。这样一来，购货量就会增多，虽然商品本小利薄，但随着顾客购货数量的增加，日积月累，就能获得一笔不菲的财富。

温州有一位青年，就是靠"少投入，多产出"赚大钱的。起初，由于资金不雄厚，他只能经营一些1元商品。他用很少的成本，购进了一批小商品，商品虽然价值不高，但都是一些非常实用、与人们生活紧密相关的产品。由于他在闹市区销货，一天到晚，店内都是客流不断。

经过一段时间的经营，他拥有了一些资金，于是他又开办了一家3元专卖店，这次购进的货物，种类多、样式全，遍及人们生活的诸多方面。由于该店符合广大顾客的心愿，他的经营更成功了。

通过两次经营，这位青年获得了一笔较雄厚的资金。于是，他又将生意范围扩大了，从原来的3元专卖店扩大为10元专卖店，店内的商品也比原来齐全了，遍及人们生活的衣、食、住、行各个方面。刚开始卖的小商品看似不赚钱，但这些小金额的商品交易却给顾客带来了一定的安全感，所以顾客信任他，会再次向他购买价格相对贵些的商品。由于价格贵的商品有一定的利润空间，于是经过长期的发展，他的资产已经超出百万了。

由此可见，小本也可以做成大生意，一些微不足道的小生意，例如小百货、小杂货之类，都有可能为你带来财运。

江苏有个叫张志诚的人，起初没有固定收入，日子过得很贫穷。一次偶然的机会，他路过一家金鱼店，忽然被一对母女的对话吸引住了。小女孩想买漂亮的金鱼，妈妈反对说："家里已经有很多玩具了，还要买？那金鱼好几块钱一条，价格多贵呀！"小女孩坚持要买，母亲只好生拉硬扯，最终小女孩哭着离去了。

这本来是一件小事，却触发了张志诚智慧的头脑。他想：小女孩虽然有许多玩具，但执意要买金鱼，说明在小孩眼里，根本就不知道近百元的玩具和几块钱的金鱼哪个贵，只知道金鱼漂亮。孩子的消费观念通常很不稳定，今天看这个新鲜，明天又看那个好，只要抓住不稳定趋向的时机就能赚到大钱。为何不用免费赠送金鱼的方法来推销更昂贵的商

品呢？想到此，他便低价购买了许多食品、玩具，还到海产世界中心购进了2000多条小金鱼，价格明显比大金鱼便宜，并请人印发了大量的宣传海报……一切准备就绪，他的计划便全面展开了。

他在学校附近摆了个地摊，每当孩子们放学，都会不约而同地向地摊涌来，围观他的小金鱼。张志诚借机叫卖："卖玩具喽，买一件玩具，送两条小金鱼。"孩子们听后，由于喜欢金鱼，纷纷上前去购买他的玩具，张志诚从中获得不少的利润。

由此可见，张志诚不愧为以小本获大利的典型。几条小鱼不足挂齿，他却将小鱼作为诱饵抛出，从而成功售出利润颇高的玩具，可谓一举两得。

给顾客"小鱼"，要让他们感到你的真诚，这样顾客才能给你放出"大鱼"来；要懂得必要的营销艺术，谨防入不敷出；要积极开动脑筋，将营销建立在诚信的基础上，这样生意才能长久。

"四两拨千斤"的小本经营术

"四两拨千斤"是小本经营者常用的妙招儿。由于经营者资金少、起步艰难，要想获得高额利润就需要用一定的智慧、谋略、方法，以小搏大，从而取得"四两拨千斤"的良好效果。

被称为"民工城市"的东莞，仅外来民工就超过100万人，是本地人口的6倍。同时，东莞市拥有1万多家外资企业和几十万家大小民营企业，但许多企业都没有食堂。于是，有一家专事供应民工一日三餐的"个体食堂"便应运而生了。

据调查统计，东莞市城乡私营、个体饮食有上万家，共有2万多名服务员天天为民工们筹办一日三餐。这些个体食堂，一般供应十几个菜式，民工们花上两三块钱，就能填饱肚子，真正做到了"经济实惠"、"物美价廉"。这种看似利润小的生意，却蕴藏着大财富。由于民工数量多，个体食堂平均每天的营业额都在4000元以上，有时生意好还能多赚2000多元。如果按100多万民工80%的消费率来计算，一年365天，个体食堂的营业额将会达到20亿元。

做大生意可以在少数人身上赚钱，做小生意则可以在更多的人身上赚钱。虽然生意小、获利微薄，但是顾客多，同样能达到以小搏大之效。

唐日荣是台湾著名的大富豪，那么，他是如何发家的呢？

唐日荣是重庆人，后随父亲去了台湾。大学毕业后，他给人打过工，手头存了一些钱，便以此做资本，开始做小本生意。

唐日荣做生意喜欢从小到大，积少成多。起初，他先去工厂批存货，外销至科威特、沙特阿拉伯等地区，那些国家靠石油发家，购买日用品很大方，都是成捆购买，唐日荣的生意也越做越大。

此后，唐日荣便和中东地区结下了不解情缘。他与中东地区签订了长期合作合同，他保证长期为中东地区供货，中东地区也保证按时付给他货款。由于他恪守诚信，货物销量越来越大，他的财富如同滚雪球一般越积越多。

每当唐日荣回忆起这段小本赚大钱的经历时,都十分高兴。他说:"对于每一位小本经营者来说,都应该将创业分成几个阶段,开始是人赚钱,是相当辛苦的原始积累阶段。这个阶段是打基础的阶段,因此特别费神。第二阶段就是用钱赚钱,用已经获得的第一桶金不断扩展领域。第三阶段是飞跃阶段,就是让别人替自己赚钱了。"唐日荣就是按照这3个阶段的部署,一步步锁定经营胜局的。

商场上有句俗话叫"小本小利",其实,对于善抓机遇和有头脑的人来说,这句话未必正确。因为很多时候,小本也能赚大钱。总之,事在人为,赚大钱、赚小钱全看经营者的本事和能耐。

小投大赚,薄利多销

小投大赚是小本经营的高招,薄利多销是其精要之处。薄利多销,可以积少成多,使资金周转速度加快,小而周转快是其精要所在。

有一位温州青年到一个山区学校联系卖校徽,由于该地贫穷,学生们无力购买,青年人便有些灰心了。

有一天,他来到山区的一个村办小学去销售,老师们待他十分周到、热情,答应定做一批校徽。说是一批,其实只有20枚,因为全校共有20位师生。校方要求每枚校徽收费1.2角,青年人明知这笔买卖肯定赔钱,但犹豫了片刻,也勉强答应下来。

第九章 小生意收获大财富

青年人快速跑到乡邮电局，用3.60元发了一封加急电报，请家里人在3天内将20枚校徽赶制成功，然后寄到这所村办学校。

家里人经过一番精心的设计制作，将20枚校徽一并寄到这所学校，成本就花去80多元，但却仅收回2.40元。

过了几个月，正赶上乡里举办中小学生运动会，这所村办小学的19名学生和1名老师都戴着闪亮的校徽走进操场。看着他们胸前光彩夺目的校徽，其他学校的学生羡慕不已，当时就表示也要佩戴校徽。后来，乡里出面为全乡上千名小学生从青年人那里订购了漂亮的校徽。

受这种风气的影响，全县戴校徽之风盛行。一年后，邻近县的许多学校都纷纷向青年人订购这种校徽。于是，青年人开拓了一个大规模的市场，生意越来越兴旺了。

还有这样一个故事：

泰国首都曼谷有好几处商场专门销售象牙制品、木龛、鱼皮袋等商品，这些商场抓住了大多数顾客的心理，专门为他们准备了带有纪念意义且价廉物美的小礼品，深受顾客喜欢。

柯里郎先生发现了赚钱的良机，他决定在廉价商场旁边开设一家水果店，以更低廉的价格销售热带水果。

柯里郎认为与廉价商场卖同样的商品，就要与他们争货源，这样硬拼并不合算。于是，柯里郎便开始做廉价水果生意。他从外地运来新鲜芒果、菠萝、椰子等水果，按整箱

100铣的价格销售,虽然利润很小,但是一天能卖掉上千箱,因为他的价格要比商场低得多。他的生意越做越大并且逐渐开始经营其他商品,如红宝石、棕榈油等,还卖一些廉价香水。柯里郎的廉价生意越做越红火,许多原来到商场购物的顾客,纷纷涌入他的商店。

有一些人将薄利当作赚钱少,其实,这是一种误解。从表面上看,你从顾客身上赚的钱非常少,正因为少,才会招揽到更多顾客,从而积少成多,将从每一位顾客身上赚取的少量钱集合起来,就是一笔可观的财富了。因此,利小也能获取大利润。

填补间隙,脱贫致富

在当今竞争愈演愈烈的市场形态下,小本生意要想在市场中立足,实属不易。这就需要小本经营者独具慧眼,时时发掘,并瞄准大企业留下的市场空隙,然后组织人力、物力填补。这样做,既不花费太多的资金,又可以在短时间内发家致富。

有个农民就是瞄准市场上小衣架空缺,予以填补而脱贫致富的。

有一天,这位农民为了买几个小衣架,从村里跑到镇上,又从镇上跑到县城,结果仍然没有买到。商店服务员告诉他,衣架是一种太小的商品,利润很低,一般工厂不愿生产。回家后他心想,衣架家家户户都要使用,需求量很大,如果生产出来,销售量一定会很大,这可是一个千载难逢的好机会。

于是，他立即购买了一些钢丝和塑料管，尝试着做出第一批衣架。几天后，他挑着衣架到批发市场推销，数千个衣架被抢购一空。

接着，许多批发商纷纷向他订货，一时竟然供不应求。仅仅4个月时间，他便赚了2000元。后来，他不断扩大规模，并组织村里的人加工，迅速走上了一条致富之路。

有一位成功的企业家曾这样说过："小本经营者要想走上一条发财的捷径，那么最好把目光盯在市场上，去了解缺什么，然后填补，这样就能获得一笔不菲的财富。"

日本索尼公司是一个规模较小的公司，虽然在研制、开发新产品方面做出很多努力，但是仍然无法和一些实力雄厚的大厂家相抗衡。

在一些大厂商的层层包围下，索尼公司最终研制出一套"间隙理论"。这下理论认为在很多大圆圈之中，必然存在着一丝空隙，也就是说有一小部分市场没被占领，只要抓住这些空隙，马上行动，再与其他小空隙联合，必定能超过那些大圆圈（大厂商）的市场。

经过不断地找寻，索尼公司最终找到了经营空隙并迅速抢占市场。在国内市场竞争异常激烈的情况下，索尼公司通过这种"间隙理论"不断向国外谋求发展，在世界各地建立了一个个销售据点，构建了一个个销售网。1961年的时候，全球登记销售这家公司商品的国家达100多个。

索尼公司在夹缝中不断成长，瞄准了大公司的空隙，填

第九章 小生意收获大财富

补市场空白,经过长时间的发展,最终成为世界一流的电器企业公司。

兵家说:"围地则谋。"意为部队陷入重围,就要运用计谋突破重围。具体到小本经营,就要运用"间隙理论",填补市场空白、拓展市场范围,进而在夹缝中成长起来。

以小损而换大益

《国史补》中记载,渑池道中有车载着瓦瓮,堵塞在狭窄的路上。当时正值冬季天气寒冷,冰雪盖路,又陡又滑,使得出行的人们进退两难。天色渐渐暗下去,公家的和私人的旅客成群结队走来,数千车马拥挤在后面,人们被冻得手脚麻木,脸上露出了惊惧之色,眼睁睁地望着那些瓦瓮毫无办法。这时有一个叫刘颇的旅客,催马赶来,问道:"车上的瓮能值多少钱?"有人回答说:"七八千。"刘颇立即打开包裹取出银子,将全部的瓮买下之后又推到山崖下。不大一会儿,车载轻了加快了步伐,后面的车队也跟着前进了。大家松了口气,都对刘颇表达感谢之意。

刘颇在无可奈何的情况下,权衡利弊,采取行动,以小损换大益,这种行为在当今社会日趋激烈的竞争形势下是十分值得借鉴的。

在战争中,爱兵如子是所有将帅的美德。所以,损失士兵的事是统帅所不愿意做的,但有时为了获得战争的胜利也不得不作出牺牲。因此,以小损换大益可以保存绝大多数士兵。以小损而换大益是战争中的重要战术，这种重要战术又称为"损"战。"损"战在商战中同样适用。

商人做生意谋的是利，是为了让顾客在消费自己提供的商品的同时为自己带来利润。当每个顾客带来的利润有限时，尽可能多争取顾客就显得十分重要。欲擒故纵在争取顾客上效果通常十分明显，是一种有效的谋利手段。

从单一商品获利上来看，商人利用价格对比的差异，让出一部分利润，用低价商品吸引顾客。例如，我们通常看到的打折、大减价、大甩卖等就是此类。

从整体商业利益上看，商人在做生意时牺牲一种商品的利润，从而带来其他商品的收益，例如，预付话费赠手机等。

无论采用什么方法，总之，"纵"出去的目的是为了更好地"擒"回来。

古人说"吃亏是福"，或者说"吃亏就是占便宜"，是有丰富的文化内涵的。有时候，吃的亏是明显的、表面的，但占的便宜却是无形的、长远的。

从经营上来说，刘颇在无可奈何的情况下，付钱推瓮下山是吃亏了，但他赢得的时间价值却是难以衡量的。这种以小损换大益的行为，是生意人的一种经营手段。

新中国成立前，烟台啤酒厂在上海各大报纸上刊登了一则启事：某日，"新世界"按正常门票价格出售门票，持门票进入"新世界"后，由烟台啤酒厂赠送洗脸毛巾一条（上有"烟台啤酒厂赠"字样）。然后，游人可免费喝啤酒，喝酒多者，按前三名顺序分别予以重奖。消息传出，上海市万

第九章 小生意收获大财富

人空巷,人们争先恐后进入"新世界"。这一天,48瓶一箱的啤酒被喝掉了500箱。上海市的各家报纸绘声绘色地报道了这次啤酒比赛的盛况,整个上海为之轰动。

烟台啤酒厂虽然在这次活动中花了不少钱,表面上看是吃了亏,但它因此打开了上海的啤酒市场,捞了个大便宜。这种舍得吃亏的做法,若没有魄力,是很难做到的。

高明的商人会在缩小付出和收获之间的比例上动脑筋。当眼前的态势决定了损失无可避免,而且只有这样,才能保全基础而不至于损失时间,那么毫无疑问,丢弃这部分,争取到基础,来日方长,又可以东山再起。

有人说,有所取必先有所失,实现自己的梦想首先要懂得付出,没有付出,就不要指望有所收获!大凡处事,无一不遵循此道。学习修行,古人提倡头悬梁、锥刺股,现今虽然并不需要如此夸张,但其中寓意所强调的付出概念确实是颠扑不破的真理。不要做些好逸恶劳的黄粱美梦,要脚踏实地地将自己的能动资源毫不吝啬地投入到事业中去!只要勤劳有方,投入得当,就不用为回报发愁!

同样,当你身处困境、面临风险之时,丢卒保车,在各种利益得失之间,区分轻重缓急,做出正确取舍,东山再起就指日可待!这就类似百姓平日所讲的破财免灾,在大是大非面前,不要将这句话的理解停留在自我安慰的表面上,更多的时候,丢卒保车就是一计良策,善于运用,才能够使我们逢凶化吉,趋利避害,牢记:留得青山在,不怕没柴烧!

经商者贪图小利,可能失去更多的利益和长远的利益。如果只注重眼前的小利,那灭亡之日就近在咫尺了。被眼前的微小的利益所蒙蔽，不辨轻重、主次，看不到隐藏在小利后面的危害，就会导致经商失败。所以聪明的经营者应当学会丢卒保车，当弃则弃。

做生意最怕大意

一招失算，全盘皆输。做生意最怕粗心大意，如果在某一环节出错，往往会前功尽弃。在商场打拼，要做一个细心的人，保持清醒的头脑，擦亮眼睛，以不变应万变。

某年4月初的一天，湖南某县农副土产开发公司陈经理办公室进来了一位30多岁、操广东口音的中年人。来者自称是广东某县一家公司的业务主管，姓金，边说边递过来名片和介绍信。敬烟落座之后，他向陈经理说需要4万条包装麻袋。见大生意上门，正在为扭亏犯愁的陈经理一下子来了神，一口应承下来。不巧，公司仓库里只有2000多条。金先生说："2000条可不够，我们做的是大生意……"陈经理与金先生谈了很久，商定由土产开发公司马上组织货源，金先生两个月后再来提货。双方当即以每条2.45元的价格签订了购销合同。

陈经理既喜又忧，喜的是天上掉下来一笔好买卖，忧的是仅凭合同组织货源对方有变咋办？金先生似乎看出陈经理的心思，马上拿出3500元定金。陈经理这下可放心了。

晚宴上，陈经理与金先生俨然一对亲弟兄。

金先生走后，陈经理派人四方调集麻袋，所到之处不是没有这么多存货就是价格不能接受，陈经理十分着急。

从小事中获得大回报

约一个月后,外省的阳华贸易公司经理上门谈黄豆业务,所呈的"可供商品一览表"中有一栏使陈经理喜笑颜开——可供麻袋6万条。批发价2.28元,虽然贵点,但转手快还是划得来。陈经理暗喜,真是得来全不费工夫!黄豆的事丢在了一边。现款现货,几天之后,4万条麻袋运到了土产公司仓库里。

陈经理赶忙给金先生去电通知其尽快提货,电报以地址不详被退回。再次去电,依旧退回。派人到广东一打听,当地根本没有这么个公司,金先生更找不到。

原来,金先生和阳华贸易公司是一伙的,公司由于经营不善,积压了大批麻袋,四处推销无着,故出了这一招。真是越冷越吹风,陈经理空欢喜一场不说,库存又多了9万元积压。

有时候,表面看上去是馅饼,其实是陷阱,如果陈经理仔细核对一下金先生的身份,就不会上当受骗了。

不过生意场上受骗的还大有人在。

那是个不寻常的一天,某县农资公司农药仓库保管员小A做梦也没想到,骗子轻轻松松地从自己手中骗走了价值4万余元的钾胺磷,而自己竟笑脸迎送。

这家农资公司的农药仓库设在城郊的公路边,离公司大楼约两公里。那天上午小张在仓库里忙着发货,大门口来了位个子高高的自称是广西来的人,这人出示了一张广西某市农技推广站的介绍信,说要几吨钾胺磷。小张说有货,到公司开票付现款便可提货，当时并不在意。

下午4点多，仓库开进一辆大卡车，那个高个子广西人手里拿着一张3000千克的钾胺磷提货单急匆匆地赶来提货。小张正忙着收拾准备下班，草草地看了提货单便发了货。

过了一段时间，公司核对库存时，才发现问题。可事情已过很久了。

原来，那个高个子广西人上午跟小张说要几吨钾胺磷，可他到公司开票时只买了30千克，然后用"退字灵"药水把提货联上的数量和金额涂掉，改成3000千克，利用开票与发货地距离太远、联络不便和临近下班时间等可乘之机，轻而易举地将2970千克钾胺磷骗走。

在生意场里打拼，你要时刻提防被人骗。仔细研究被骗的人，他们大多是疏忽大意或诱惑太大使然。要预防被骗还要从我们自身做起，遇什么事都要冷静下来想一想，你就会发现骗子的蛛丝马迹，就不会轻易上当。

第十章 小人脉有大助益

一分宽容胜过十分责备

宽容是人际交往中最重要的理念之一，如果别人能原谅你的错误，那你也能原谅别人。宽容别人能带来无法言说的愉悦。

宽容可以通过语言等显性因素来表达，也可通过细节等隐性因素来表达，有时候这些细节或许连自己都未意识到，却被善于感知的心灵接纳了。

有一天晚上，一位老师值班。照例他要到操场上去转转，操场在教学楼的后边。周边是零星的几盏路灯，有极淡的一点光晕射出来。他带着手电出来，开始沿着跑道往里走，学生们大都回宿舍睡觉去了，到操场转转的目的，无非是怕有的学生还没有回去，毕竟在这样一个春末的晚上，清新的空气以及舒爽宜人的温度是让人留恋的。如果还有别的目的的话，那就是看看还有没有男女生在操场上——提防有早恋的学生。

果然，再往夜色更深处走，这位老师看到了两个人的背影，那该是一个男生和一个女生。他踌躇了一下，快走几步，赶上了他们。假装欣赏着夜色，他说："今晚的月亮真美，风也很轻柔……你们说是不是？对了，明天6点起床，你们不怕明天起不来吗？"他俩嗫嚅着，说不出话来。听气息，他们显然被吓坏了，声音中透着紧张和惶恐。面对他们站着，但暗淡的光，还是不能辨清他们的面目。

这位老师问了他俩的班级和姓名，便让他们回去了，也没有跟他们班主任说起此事。

过了几年，一封来自珠海某公司的信飞至这位老师的案头。信是那个女生寄来的。信里边谈及的内容，也是关于那个晚上的。她说：李老师，那个晚上，被您撞见后，我很害怕，其实我们在一起走的时候一直担心着一件事情，就是手电筒，我们怕突然有一束光毫不留情地照在我俩的脸上，如果那样的话，我们一定会无地自容，以后也不会有好的心态去学习。但是您并没有拧亮您的手电筒。这些年，我一直忘不了这件事情，今天给您写去这封信，我要郑重地对您说声：谢谢您！

这个老师后来说："我在那个晚上，心里并没有感觉到亮不亮手电会对那件事产生多大的意义。然而，就是这样的一个细节，对于一个孩子，对于一个犯了错误的孩子，是多么大的尊重。这件事情之后，我开始更多地注意生活中的一些细节了，比如，把愤怒的姿势换成握手，让一句厉声的呵斥变得温和，轻拍对方的肩膀，给仇怨者一个宽容的眼神，用心倾听卑微的人的话语，等等。我不想从这些细节中得到什么回报，但我知道，这些细节一定会碰上一颗善于感知的心灵。实际上，这已经足够了，就像阳光照耀大地万物的时候，它并不会在意一朵花是否会散发出幽香和芬芳一样。或

许,它所在意的是,光线的每一个细微的部分,是不是给了花瓣最温暖的触摸。"

正是无意中的一个细节,产生了意料不到的效果:给了学生一个坦荡的胸怀,一个光明的前途。一分宽容胜过十分责备,宽容别人会给自己带来良好的人脉。

与其刨根问底,不如顺其自然

战国时期的楚庄王,在爱妾被人调戏的情况下,竟然也能不去较真,不去追究犯上者的罪,他宽恕了这位风流将军的罪过,得到了一位"士为知己者死"的义士。

大摆酒宴,招待群臣,欢庆胜利。

夜深之后,庄王仍然兴致不减,命人点起蜡烛,继续欢乐,并要宠妾许姬前来祝酒助兴。忽然一阵大风吹过,将灯烛吹灭。这时,有一人因许姬貌美,加之饮酒过度,难于自控,便乘黑灯之际,仗着酒意暗中拉住了许姬的衣袖。

许姬大惊,奋力挣脱后,顺势扯下了那人帽子上的系缨。许姬取缨在手,连忙告诉庄王说:刚才有人乘烛灭欲行不轨,现在我把他帽子的系缨抓了下来,大王快命人点蜡烛,看看是哪个胆大包天的家伙干的。

谁知庄王听后,不但不追究,反而命令正准备掌灯的人说:"切莫点烛,寡人今日要与众卿尽情欢乐,开怀畅饮。如果不扯断系缨,说明他没有尽兴,那我就要处罚他!"

第十章 小人脉有大助益

众人一听，齐声称好，等所有人全都扯掉了系缨之后，庄王才命令点燃蜡烛。

散席之后，许姬仍然愤愤不平地问庄王："男女之间有严格的界限，况且我是大王的人。您让我给诸臣敬酒，是对他们的恩典，有人竟敢当着您的面调戏我，就是对大王的侮辱，您不但不察不问，反而替那人打掩护，怎么能肃上下之礼，正男女之别呢？"庄王笑着说："这你妇道人家就不懂了。你想想看，今天是我请百官来饮酒。大家从白天喝到晚上，大多带有几分醉意。酒醉出现狂态，不足为怪。我如果按照你说的把那个人查出来，一会损害你的名节，二会破坏酒宴欢乐气氛，三也会损我一员大将。现在我对他宽大为怀，他必知恩图报。于国于家于我于他都是有利的事情啊。"许姬听了庄王的一番话，十分佩服。从此，后人就把这个宴会叫做"绝缨会"。

一个将领对自己爱妾的调戏，对于至尊无上的君主来说，无疑是极大的羞辱。这在当时的社会里，绝对属于大逆不道的犯上之举。谁要是犯了这样的罪过，绝对是死罪，可是楚庄王却能不去计较，原谅属下的过错，并且还设法使他脱罪，的确是处世高手。

七年之后，楚庄王兴兵伐郑，副将唐狡自告奋勇带百余名士卒做开路先锋。唐狡与众士卒奋力作战，以死相拼，终于杀出一条血路，使后续军队顺利杀到郑都，这使得庄王非常高兴，称赞说："将军进军如此迅猛，真是大长我军威风，为楚国立下大功啊！"

庄王准备给他重重的奖赏,谁知唐狡却答道:"为臣受大王恩赏已很多,战死亦不足回报,哪里还敢受赏呢?"

庄王很奇怪,以前并没有赏赐他,为何如此说呢?唐狡接着说道:"我就是'绝缨会'上捉了许姬袖子的人,大王不处置小臣,使臣不敢不以死相报。"楚庄王感叹地说:"如果当初明烛治他的罪,怎么会有今天效力杀敌的猛士啊!"

在为人处世中,如果硬要刨根问底地去较真,你就会愈加麻烦,相反,你若装痴作聋,顺其自然,也许就会有皆大欢喜的结果。

让人三尺又何妨

古有陈嚣与纪伯为邻,一天夜里,纪伯偷偷地将隔开两家的竹篱笆向陈家移了一点,以便让自己的院子宽一点,恰好给陈嚣看到了。纪伯走后,陈嚣将篱笆又往自己这边移了一丈,使纪伯的院子更宽敞了。纪伯发现后,很是愧疚,不但还了侵占的地,而且还将篱笆往自己这边移了一丈。

为人就应该这样,低头不见抬头见,当利和义发生冲突时,自君子眼中看来,利再大也为小,义再小也为大,要有忍痛舍利求义的精神。

清朝中期,也发生了一件类似的事。

安徽人张英在朝中做宰相,一天,收到家信,说因盖房与邻居为地皮发生了争执，让张英出面说句话。张英立刻写了一封回信："千里家书只为墙，再让三尺又何妨？万里长城今犹在，不见当年秦始皇。"家人看信后，很受教育，便将院墙向后移了三尺。这一行为感动了邻居，也将院墙向后移了三尺。这样两家之间便出现了一个六尺宽的空道，后人称"六尺巷"。

张英身为宰相，一人之下，万人之上，莫说只要邻居的三尺地，即便是让邻居搬家，恐怕也非难事。但如此作为，是谓不义。他不以权压人，以权夺利，说明他重义轻利，乃有德之人。他以义行事，以德感人，结果使两家和睦相处，乡里众口赞誉。

"天下熙熙，皆为利来；天下攘攘，皆为利往。"在生活中，人们之间难免会发生利益的冲突，不过，在利上还有一个义字。面对义利之辨，在利益冲突的时候退让三尺，恰恰能更好地守住义。这样看来，在利益面前退让，既能照顾别人的利益，又能维护义的标准，实在是一举两得的高明态度。这样处世的人，又怎能不受别人的欢迎和拥护呢？

真正关心和喜欢别人的人会无往不利

作家荷马·克洛维，十分懂得交友之道。凡是碰到他的人，无论是清道夫还是百万富翁，都会在与他相处15分钟之内对他产生好感。为什么呢？他既不年轻，又不英俊，更不是百万富翁，他有什么魅力可以吸引人呢？很简单，因为

他一点也不矫揉造作，并且能让别人感受到他真的喜欢、关心自己。

小孩会爬到他的膝上，朋友家的仆人会特别用心地为他准备餐点。而且，假若有人宣布："今晚荷马·克洛维会到这里来！"则当天的宴会一定没有人缺席。除了朋友间深厚的感情之外，荷马·克洛维的家人也都十分敬爱他：妻子、女儿、孙女，全都对他称赞不已。

究竟这位作家是如何赢得这种幸福的呢？说来也很简单——就是待人诚恳。对他来说，对方是什么人，做什么工作，他都不会在意。只要是身为一个人，对他便意义重大，值得付出关爱。每次他遇见陌生人，很快就能像老朋友一样交谈起来——并不是专谈自己的事，而是尽量谈对方的事。他借由问问题，可以知道对方是从哪里来，做什么工作，家里有什么人，等等。他也不会啰里啰唆谈个不停，只是向对方表示自己的兴趣和关心，借以建立起友谊。正像一位资深外交家所说："外交的秘诀仅在五个字：我要喜欢你。"

卡耐基指出：待人诚恳、热爱人类的人将无往不利！有自己被人爱的感觉，比其他任何东西都更能提高人的热情，给人安全感。带着安全感面对生活的人很幸福。在绝大多数情况下，安全感本身有助于一个人逃脱危险。如果你要走过一块狭窄的木板，而底下是万丈深渊，如果你这时害怕了，反而比你不怕时更容易失足。生活之路也是如此。

完美的爱给彼此以生命的活力。在爱中，每个人都愉快地接受爱，又自然而然地奉献爱，由于这种相互幸福的存在，每个人便会觉得世界其乐无穷。但在一种并不少见的爱中，一个人汲取着他人的生命之精华，接受别人奉献出的爱却毫无回报。这类人把别人当作达到自己目的的手段，而从不认为朋友是目的本身。彼此真正关怀的爱才是真正幸福的重要因素之一，它不仅是彼此幸福的手段，也是共同幸福的接合点。一个人，无论他在事业上的成就有多大，如果他把自己封闭在铁墙之内而不付出爱、不接受爱，那么他便失去了生活的最大快乐。拥有真正的爱是逃脱自我樊篱的标志之一。

创造机会与人相识

美国总统罗斯福是一个与人交往的能手。在早年还没有被选为总统的时候，一次参加宴会，他看见席间坐着许多他不认识的人。如何使这些陌生人都成为自己的朋友呢？罗斯福稍加思索，便想到了一个好办法。

他找到一个自己熟悉的记者，从他那里把自己想认识的人的姓名、情况打听清楚，然后主动走上前去叫出他们的名字，谈些他们感兴趣的事。此举使罗斯福大获成功。此后，他运用这个方法，为自己后来竞选总统赢得了众多的有力支持者。

在现实生活中，许多人似乎都有一种"社交恐惧症"，他们总是不愿主动向别人伸出友谊之手。你或许有过这样的经历：在一次大家都相互不熟悉的聚会上，90%以上的人都在等待别人与自己打招呼，也许在他们看来，这样做是最容易也是最稳妥的。但其他不到10%的人则不然，他们通常会走到陌生人面前，一边主动伸出手来，一边做自我介绍。

为何不能试着做出改变呢？当你也试着向陌生人伸过手去，并主动介绍自己的时候，你就会发现这比你被动站在那里要轻松、自在得多了。怀特曼说："世界上没有陌生人，只有还未认识的朋友。"

懂得怎样无拘无束地与人认识，是我们必备的一个社会生存技能。这能扩大自己的朋友圈子，使生活变得更丰富。而罗斯福所用的这种主动与陌生人打招呼并保持联系的办法，正是许多大人物都普遍采用的做法。主动向别人打招呼和表示友好的做法，会使对方产生强烈的"他乡遇故知"的美好感觉和心理上的信赖。如果一个人以主动热情的姿态走遍会场的每个角落，那么他一定会成为这次聚会中最重要的、最知名的人物。甚至有人说，大人物和小人物最主要的区别之一，就是那些大人物认识的人比小人物要多得多。而大人物之所以能够认识更多的人，就是因为他们总是乐于交更多的朋友。从这一点上看，做一个大人物并不难，只要你肯把手伸给陌生人就可以了。

在这个世界上，各个行业都有许多出类拔萃的人物，他们的影响是非同小可的，我们要利用与他们正面接触的机会和他们建立良好的关系，这样可以有更多的机会向他们请教成功的秘诀。不要等待，一味地等待只能使我们错失良机，绝对不可能使你建立良好的人际关系，你应该积极地一步一步地去做，这本没有什么可以害羞的。

有一个人，当他要结交新朋友时，他总是先想方设法弄到对方的生日，然后在日历上一一圈出，以防忘记。等这些人生日的那天，他就送点小礼物或亲自去祝贺。很快，那些人就对他印象深刻，和他成为好朋友。可以想到，这个人身边的朋友将会越来越多，他的事业也将会越来越兴旺发达。

其实，在各个场合，我们同样有许多接触他人的机会。如果我们想接近他们,让他们成为我们人际关系网中的一员,我们就必须为此付出努力。譬如,有朋友请我们去参加一个生日聚会、舞会或者其他活动,我们不要因为自己手头事忙而懒得动身,因为这些场合正是我们结交新朋友的好机会。又如新同事约我们出去逛逛商店或者看场电影什么的,我们最好也不要随便拒绝,这是一个发展关系的好机会。

因为人与人之间接触越多,彼此间的距离就可能越近。这跟我们平时看一个东西一样,看得次数越多,越容易产生好感。我们在广播和电视中反复听、反复看到的广告,久而久之就会在我们心目中留下印象。所以交际中的一条重要规则就是:找机会多和别人接触。

如果想成功地找到一个与其他人接触的机会,我们就必须对他的作息时间、生活安排有所了解。比如对方什么时候起床、吃饭、睡觉,什么时候上班、回家,从这些信息出发再确定跟对方接触的方式。如果打个电话,对方不在或者去找他时他正好很忙,这样就白费力气。因此,详细把握对方的工作安排、起居时间、生活习惯等因素再同其打交道,是很容易获得成功的。

不要轻易得罪他人

不要轻易得罪他人,学会宽容,绝不能斤斤计较,要严格要求自己:不要得罪他人。

小小的得罪,也有可能会伤及一个人,不能怪别人心胸狭小,只能怪自己不小心。我们知道人性是复杂的,由于平时不经意之间,得罪了某个人,也就是无意地伤害了某个人的利益或者是尊严,我

们自己却没有意识到，这就给自己留下隐患。因为每个人做人的标准是不一样的，有的人宽宏大量，宰相肚里可撑船，对于一般的事情，不会记挂在心上，事情过去了，也就忘却了，不会再念念不忘。可是，有的人却恰恰相反，无论大事小事都会牢记在心，如果有人得罪了他们，他们就会念念不忘，并且怀恨在心，甚至会寻找打击报复的机会。所以我们要"戒疏于虑，警伤于察"，不管做什么事情，都要有考虑，都要善于观察，而不是自以为光明磊落，心地坦荡，就对自己的言论没有什么约束行为，想说什么就说什么，而根本没有考虑对方人格和品性究竟如何，结果自己无意中得罪了人，却仍然不知不觉。

我们要谨记："与人交往的基本原则应该是不可过多树敌，更不可过多得罪别人。"只有这样，自己的朋友才会增多，敌人才会减少。处世之法不宜树敌太多，因为树敌太多会触犯众怒。中国传统上认为"多个朋友多一条路，少一个朋友添一堵墙"。香港巨富胡金辉在介绍自己的成长时，曾告诫说："处世方面……我觉得好重要的就是千万不要得罪人！越有地位，越应该不得罪人。"

最易得罪人的做法就是怪罪人，然而怪罪人却是我们的一个受情绪支配的下意识的习惯，当有人做了错事，出了失误，对不起我们，或应该做的事没有做到，我们就爱怪罪他们，抢白他们，但是这样于事无补，却人我两气，最后，还可能让人耿耿于怀。所以，我们尽量不要得罪他人。每当想怪罪他人或对他人发脾气的时候，不妨这样仔细想想：事情已经发生，并且已经无法更改，无法追回，不是发脾气就能改变的，相反，责备人、怪罪人，不仅让他人继续感觉不好，也让我们气胀胸怀，大家纠缠在相互埋怨之中，把其他应该做的事情都耽搁了。况且，做错事的人已经知错了，如小孩打碎了一个碗，他心里本来就不好过，甚至很害怕。我们下意识地大发脾气，吼他，骂他，甚至打他，这会让他更委屈，更惶恐，甚或产生逆反心理。其实不就是一只碗吗？况且碗已经破了，吼骂不能让它复原。不如不加责怪，只是叫他以后小心，这样容易扎坏手脚。这样处理事情孩子不会有惶恐感，心中还会感激家长不施责罚。体谅他人的过失，会给他人一种温暖感，他人更容易承认自己的错误并改正错误。大多数孩子都不会因为我们宽容他们的过失而放纵起来，要相信孩子已经能辨明是非对错，并有向善的天性觉悟。

不要轻易得罪人。社会是由不同的人组成的，人活在世上，每天都和不同的人打交道，不论是在生活上，还是在事业上，都和别人有一种互动的关系，也就是说，人是要靠彼此互助才能得以生存，如果我们离开了人际关系，不要说这个激烈竞争的社会了，就是在古代，我们也会寸步难行。得罪人在某种意义上也是一种剥夺自己发展空间的不好行为。

得罪一个同行，就为自己堵住了一条去路。或许我们会认为，世界之大，得罪一个同行又何妨，不至于堵住自己吧？错了，同行有同行的圈子，有同行的朋友，如果我们处理得不好，就会在行业内失去信誉，失去帮助，就可能使自己失去了永远的机会。

在生活中，我们要学会宽容，对待别人的得罪不记仇，更不要轻易去得罪别人。这样，我们就会赢得更多的尊重和朋友。

对他要多一分理解

人生只不过数十余载，且又匆匆流逝。人与人相处，要算夫妻之间最为知心了，可以说，夫妻双方是彼此最根本的"人脉"，从相

识、相知、相爱到相伴一生，这是一种缘。维持婚姻不只是靠爱情，更多的是彼此之间的理解与宽容。没有矛盾的家庭是不存在的。家庭矛盾就像炒菜时放盐，不放没有滋味，放多了则受不了。在家庭中，夫妻双方都有做错事的时候，多一分理解，多一分宽容，不要去抱怨，要消除隔阂。

晓梅有一个特别幸福的女友，在公开场合女友的丈夫总会拉起她的手向朋友自豪地介绍：她就是我温柔、漂亮的妻子。

可是，有一天女友竟然跑来向她倾诉婚姻的不幸。女友说丈夫在家时喜欢开窗，而女友不喜欢开窗，总是趁着丈夫不注意悄悄把窗户关上，丈夫对她日渐冷漠。晓梅静静地听，什么也没说。听完后，她把女友带到书房。书房里悬挂着一幅巨大的照片，背景是上海某足球场。看到照片里晓梅与丈夫幸福相拥，笑容像绽放的花朵一样明艳夺目，女友心中产生了疑问："你喜欢足球吗？"她平静地回答道："不，我不喜欢足球，只喜欢看书和养花。"

她又把女友领到自己的卧室，推开房门，眼前出现了非常奇特的一幕：地板全部是绿色的，房间里到处悬挂着罗纳尔多的画像，连枕巾上居然都印有足球的图案。女友对眼前看到的东西产生更大的疑问："你不喜欢足球，为什么把房间布置得像个足球场？"她仍然以平静的口吻回答说："我先生喜欢。"女友越发糊涂了："但是你不喜欢呀！"这次，她微笑着反问："想一想，为一个直径只有45cm的足球而伤害了与我共度了那么多日日夜夜、陪我走了那么多风风雨雨的男人，值得吗？"

女友被触动了，她忽然想起了美国作家塞缪尔·约翰逊在他的小说中一段关于婚姻的理解："婚姻的成功取决于两个人，而使它失败，一个人就足够。世界上没有绝对幸福圆满的婚姻。幸福只是来自于无限的容忍和相互尊重。"

那天傍晚，女友早早就打开窗户，站在窗前等候丈夫出现在视野里。第二天，出门的那一刻，女友终于看到了丈夫嘴角久违的笑意。

把婚姻经营好，既要学会从白开水中体会到平淡，品味出婚姻的缠绵悠远，也要学会从咖啡中品尝出它的浪漫，咖啡虽说略带苦涩，但给它加点糖，就会从中品尝出它的香浓来。

其实很多人在婚姻上的失败，并非不爱对方，而是从一开始就没弄明白：婚姻从来不是一个人的世界，为爱情而携手走入婚姻的两个人，没有谁不爱谁，只有谁不适应谁、谁不理解谁。

任何人都不是完美的，包括自己倾心相爱的人，总有不如意的地方。这时，婚姻需要两个人互相改变、理解。一个女人从不适应一个男人的鼾声，到习惯，再到没有他的鼾声就睡不着觉，这就是婚姻；一个男人习惯了一个女人的任性、撒娇，甚至无理取闹、无事生非，这就是婚姻。婚姻的天长地久就蕴藏在这些看似不可理喻的细节之中。

婚姻就像一座围城，城里的人想出来，城外的人想进去。生活中不乏美满幸福的婚姻，但夫妻双方都是独立的个体，都有自己的个性特点，彼此都不再是只对自己负责，而是要考虑到整个家庭及每个家庭成员，这样一个小小的"单位"经营起来何等容易？所以

两个人之间需要相互包容、理解、沟通。一个成熟的人，应当是能正确理解、认识、善待婚姻的人，少些浮躁，少些不切实际的浪漫。一个组建了家庭的人，首要的是想着过日子，其次才是寻找生活中的情趣与浪漫。因此，要想使自己的婚姻保持长久，保持美满，就要懂得理解对方的某种自己不满意的行为。

夫妻之间若能多一分理解、多一分宽容，婚姻生活便会温暖如春。理解说来容易做到却不易，有人认为夫妻只要彼此相爱就够了，并不一定非要相互理解。殊不知，理解会使爱情变得更甜更浓。理解可以通过交谈、沟通，也可以通过细心的观察与心领神会而达到。另外，生活中彼此的宽容也很重要，当一方不小心犯了错，另一方应该抱着"大事化小，小事化了"的原则来处理发生的事情。家庭和谐了，在事业场上才能没有后顾之忧。

人脉助你成功

要想在竞争中取胜，良好的人脉关系是成功的推动力量。特别是在现代社会里，单靠一个人的单打独斗去建功立业，已经不可能了。一个人的力量是有限的，很难突破环境的限制，以至于有人说，一个人是条虫，两个人才是一条龙。由此可以看出，合作对于成功是多么的重要。你只有在利人利己的前提下真诚合作、群策群力、集思广益，才能够取得更大的成功。

有人说："有人做事像在'下围棋'，有人做事像在'打桥牌'，也有人做事像是'打麻将'。""下围棋"是从全局出发，为了整体的利益和最终的胜利可以牺牲局部的棋子；"打桥牌"的风格则是与对方紧密合作，针对另外两家组成的联盟，进行激烈的竞争；"打麻将"

则是孤军作战，看住上家，防住下家，自己和不了，也不能让别人和。显然最后一种做法是不好的，尤其是自己做不出成绩，也不让别人做出成绩，这只会影响事业的健康发展。因此，每一个人都要富有合作精神，合作才能产生无穷的力量。只有社会中的人们善于与别人合作，才能使社会快速、健康地向前发展。

这就更加凸现了良好的人际关系的重要性了，它能促进并建造和谐的生活和工作环境，使我们在办事的时候得心应手，它对顺利开展工作起着不可估量的作用。在公司工作，当然需要在这个公司建立起良好的人际关系，这样才能更有利于自己的发展。

你要建立与领导的良好关系。在公司，有的领导为了拉近和员工的距离，总是喜欢找员工聊天，因此有的员工就以为领导是平易近人的，还会产生和领导之间就是平等的错觉，从而在说话、行为等方面表现得极为随便。但是和领导在一起，你要时时刻刻注意自己的身份，说话也好，做事也罢，都要和自己的身份相吻合。

同事之间的关系也是非常重要的。如果你想在工作中取得成功，就必须对其足够重视，不要背负着与同事有矛盾的重担，或是被怨恨和其他消极思想所累。

对于同事不经意的冒犯，你大可轻松地一笑置之。如果在你的头脑里总是记着这些过往，那么每一次的想起，就等于对自己的又一次伤害。但若你选择了宽容，这样的伤害反而不治而愈了。一个攥紧的拳头是什么也不会得到的，只有松开拳头，你才能够抓住一些东西。况且，面对朝夕相处的同事，真有那么多的怨让自己记恨吗？况且只是紧紧抓住过去的矛盾不放，只能给双方带来不悦，仅此而已。

同事相处，还有另外一种现象。诸如在公司里，你可能有几个比较合得来的同事，彼此之间的友谊似乎也是非比寻常。但是必须

第十章 小人脉有大助益

要注意到一点，那就是同事之间的相处一定要有别于朋友。毕竟公司是工作的地点，而不是私人的空间。你与几位同事的这种关系，久而久之，在别人看来，特别是在领导看来，你们已经形成了一个小的帮派，甚至有"结党营私"的嫌疑。领导不喜欢"结党营私"的人，因为他想让自己的部下是一个整体，一个比较好管理的整体，而不是一个又一个的小帮派。另外，领导对小帮派的人总有一种不信任感。他会认为小帮派里的员工公私难分，如果提拔了其中的某一位，而其帮派人员可能会得到偏爱和放纵，对公司的发展不利，对其他的员工也不公平。领导还会担心小帮派人员的忠诚，他们担心若其批评了帮派其中的一个，可能会受到其帮派成员群起反对，影响公司团结。所以，在工作中，你一定要注意，千万不能加入已经形成的小帮派，更不能只与几个人来往。

当然，不搞小帮派并不是不与别人往来，而是要你在公司建立起正常和谐的人际关系网。你要在自己的交往中，注意公司里的交际规则。要公私分明，与同事相处得好，但不能在公事上带有私人感情，上班的时候最好不要聚在一起聊天；要以团结为重，尽量缓解同事之间的紧张关系；还要扩大自己的交际范围，不能只限定在与自己密切接触的那几个人，而要与其他员工也建立起良好的关系。你处理好在公司里的人际关系，可以提升自己在公司里的名望和地位，吸引领导对自己的关注，为以后的发展带来不可估量的好处。

现代人整天忙忙碌碌在生活之间，似乎根本没有时间进行过多的应酬，日子一长，许多原本牢靠的关系变得松懈，朋友之间久不联系也逐渐变得淡漠。这是非常可惜的，你一定要珍惜人与人之间的宝贵缘分。即使再忙，也要抽出些许时间多多联系，因为，朋友是一笔宝贵的财富。